Tridib Bhunia

Uma Introdução Preliminar à Química Orgânica

Tridib Bhunia

Uma Introdução Preliminar à Química Orgânica

ScienciaScripts

Imprint

Any brand names and product names mentioned in this book are subject to trademark, brand or patent protection and are trademarks or registered trademarks of their respective holders. The use of brand names, product names, common names, trade names, product descriptions etc. even without a particular marking in this work is in no way to be construed to mean that such names may be regarded as unrestricted in respect of trademark and brand protection legislation and could thus be used by anyone.

Cover image: www.ingimage.com

This book is a translation from the original published under ISBN 978-613-9-47217-8.

Publisher:
Sciencia Scripts
is a trademark of
Dodo Books Indian Ocean Ltd. and OmniScriptum S.R.L publishing group

120 High Road, East Finchley, London, N2 9ED, United Kingdom
Str. Armeneasca 28/1, office 1, Chisinau MD-2012, Republic of Moldova, Europe
Printed at: see last page
ISBN: 978-620-5-74764-3

Copyright © Tridib Bhunia
Copyright © 2023 Dodo Books Indian Ocean Ltd. and OmniScriptum S.R.L publishing group

Conteúdos

Prefácio

Na minha experiência de ensino tenho visto muitos estudantes mostrarem o seu interesse pela química orgânica. Mas alguns deles enfrentam dificuldades em compreender a reacção e o mecanismo devido à falta de conhecimento, especialmente no campo da ligação das moléculas orgânicas. Tentei escrever este livro com todos estes requisitos em mente. Este livro destaca a formação das moléculas orgânicas, a sua forma e disposição espacial. Espero que o livro preencha a lacuna para compreender a reacção e o mecanismo na química orgânica. O meu empenho em apresentar o tema como um jogo e o resto cabe aos leitores apreciarem e julgarem.

Solicito com gratidão as críticas e sugestões dos leitores.

T. Bhunia

CAPÍTULO I

Ligações e propriedades físicas
Introdução:

A teoria de Lewis da partilha de pares de electrões para uma ligação covalente entre átomos tem várias pequenas vindas. O conceito de mecânica quântica ou mecânica das ondas proporciona uma melhor compreensão da ligação covalente. de Broglie equação da onda X = h/mv, primeira dualidade de partículas de onda sugerida quando 'm' é muito pequeno (fotão, e⁻) e (X) é significativo. [X = comprimento de onda, h = Constante de placa, m = massa da partícula e v = velocidade da partícula ou onda].

O princípio da incerteza de Heisenberg sugeriu que tanto a posição como o impulso de uma partícula subatómica como o electrão não podem ser determinados simultaneamente e com precisão.

Ap.Ax > h

[Ap = incerteza no momento, Ax = incerteza na posição e h = constante da prancha]

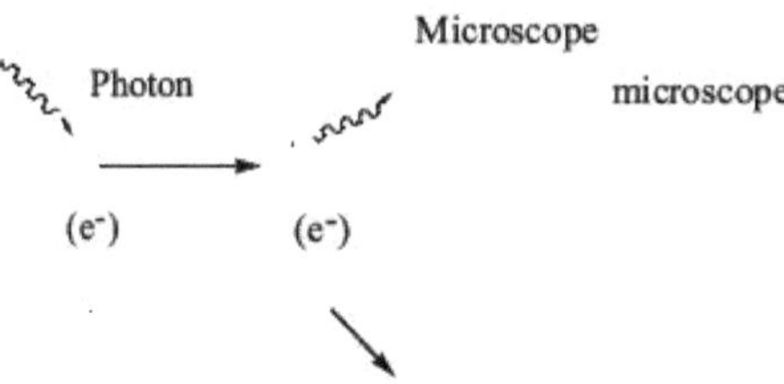

À medida que o fotão ataca e⁻ , este último perde o foco e o ímpeto mudou.

Conceito de orbital atómico:

Assim, pode-se falar da probabilidade de encontrar o e⁻ num local (Max Born).

A intensidade da onda do e⁻ (y) em qualquer posição é proporcional à

probabilidade de encontrar o e⁻ nessa posição (na verdade). Ψ^2

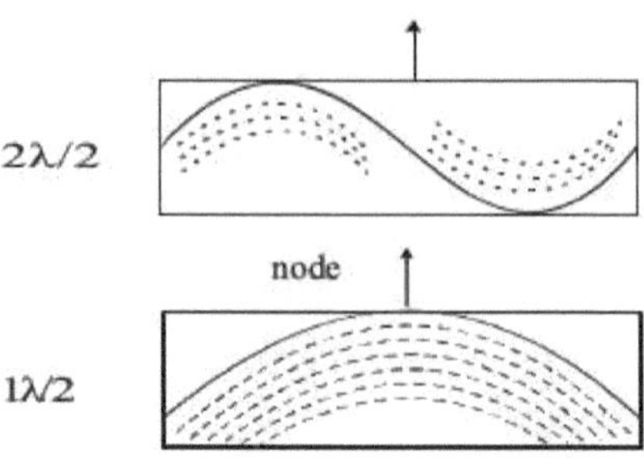

Cada ponto representa uma probabilidade, e⁻ é pensado como uma onda que ocupa toda a área fechada (caixa ou átomo) e fala-se de "e⁻ nuvem" com densidade variável em diferentes regiões ou a densidade ou probabilidade de encontrar o e⁻ é indicada pelo número de pontos por unidade de área. A forma da nuvem do e⁻ é a forma do orbital atómico.

Orbital atómico:

A fim de ter em conta certas propriedades observadas dos elementos como potenciais de ionização, susceptibilidades magnéticas, valências, etc., foi desenvolvida a visão de que os electrões se movem em torno de núcleos atómicos em discretos volumes concêntricos sucessivos chamados conchas. Cada concha irá acomodar um número definido de electrões e os electrões são mais susceptíveis de serem encontrados em certas regiões com em cada concha, chamadas orbitais, ou seja, a região no espaço onde um electrão é susceptível de ser encontrado. Estes orbitais são de quatro tipos que se distinguem pelas suas formas geométricas e pelo impulso angular que um electrão exibe e são referidos como orbitais s, p, d e f e numa determinada concha há um s, três p, cinco d e sete orbitais f.

Formas de orbitais atómicos:

Os orbitais atómicos 's' são esféricos simétricos e concêntricos sobre o núcleo. Assim, o orbital dos 2s envolve o orbital dos 1s. A maior energia é devida à maior distância média entre os electrões e o núcleo, com a consequente diminuição da atracção electrostática. Um orbital 'p' consiste em duas esferas que não se tocam bem no núcleo. Os três orbitais 'p' numa determinada concha são mutuamente perpendiculares como a coordenada cartesiana e são referidos como orbitais px, py e pz.

Formação de ligações orbitais e covalentes moleculares:

Dois átomos de hidrogénio podem formar uma ligação por sobreposição das suas orbitais atómicas. Os electrões anteriormente em orbitais atómicos separados, podem formar pares para se moverem no novo orbital chamado orbital molecular. Dentro deste novo orbital, cada electrão é atraído electroestaticamente por dois núcleos em vez de um. Como resultado, o novo sistema, a molécula de hidrogénio, é mais estável do que dois átomos de hidrogénio separados por 103 k.cal/mole. Esta é a energia de ligação, e pode ser atribuída a forças electrostáticas.

Conceito de ligação e orbital molecular anti-ligação:

Quando duas orbitais atómicas 's' são combinadas, são produzidas duas orbitais moleculares sigma. Num deles, a densidade de electrões é concentrada entre os núcleos e é chamada orbital molecular de ligação. O outro concentra a carga electrónica longe da zona entre os núcleos e é chamado de orbital molecular anti-ligação. Estes orbitais moleculares são chamados orbitais sigma (σ) porque são simétricos em relação à linha que une os dois núcleos. Tal como o orbital atómico, o orbital molecular obedece ao Princípio de Exclusão Pauli, onde apenas dois electrões podem ocupar o mesmo orbital molecular desde que as suas rotações sejam anti-paralelas.

Para formar uma ligação covalente, dois átomos devem ser localizados de modo a que um orbital possa sobrepor-se a outro. Cada orbital deve conter um único electrão. Quando isto acontece, os dois orbitais atómicos fundem-se para formar um único orbital de ligação que é ocupado por ambos os electrões. Assim, a covalência de um átomo é determinada pelo número de orbitais sobre o átomo que contêm um electrão não emparelhado.

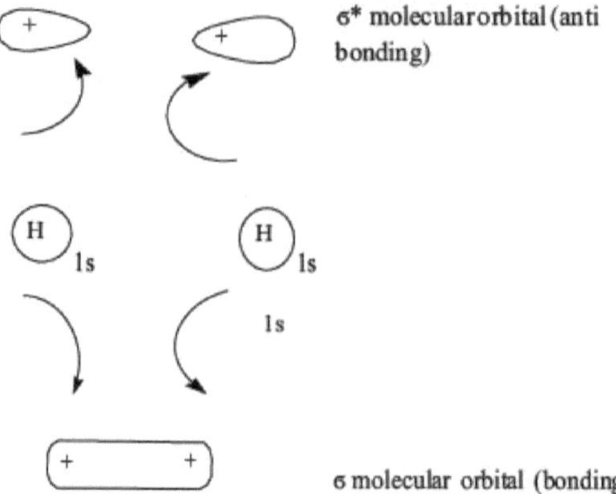

σ* orbital molecular (anti ligação) σ orbital molecular (ligação)

Hibridação:

De acordo com a distribuição electrónica de carbono 1s 2s 2p^{222} , o carbono deve ser bicovalente (monóxido de carbono). No entanto, em todos os compostos estáveis de carbono quatro covalência é encontrada. Para ter em conta este facto, Linus Pauling propôs que os orbitais atómicos sobre um átomo podem fundir-se ou hibridizar-se para formar orbitais compostos ou híbridos. Assim, se o carbono promover um dos seus electrões 2s para uma orbital 2p, então uma orbital 2s e três orbitais 2p podem fundir-se para formar quatro orbitais híbridos sp^3 contendo um electrão cada. Este processo permite que o carbono forme quatro ligações covalentes em vez de apenas duas e produz compostos mais estáveis devido ao preenchimento de octetos, ao contrário do CO. O orbital híbrido sp^3 leva a uma ligação mais forte do que um orbital 's' ou um orbital 'p' porque se estende mais na direcção de orbitais de ligação ou de uma maior área sobreposta. Isto é ilustrado na figura seguinte.

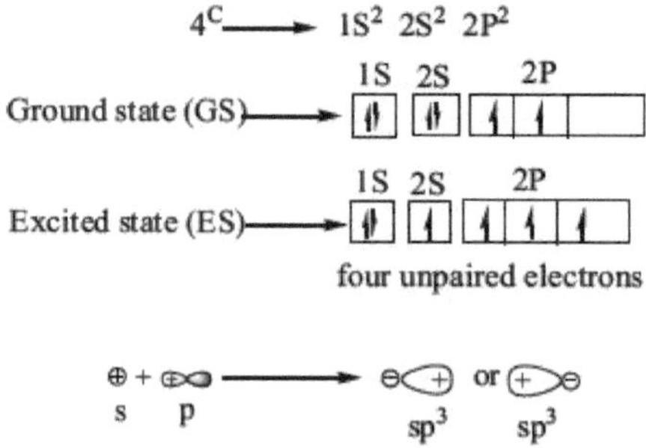

Os sinais de mais e menos atribuídos às orbitais não têm qualquer significado físico, mas são utilizados quando se misturam orbitais a fim de determinar o carácter direccional das orbitais híbridas. Uma vez que o orbital é esférico simétrico, não se podem sobrepor tanto como orbitais "p" e, portanto, são mais fracos. Para ilustração, as ligações em Li2 são do tipo 's' e em F2 são principalmente do tipo 'p' e têm uma força de ligação de 26 e 35 k. cal/mole, respectivamente. Pela mesma razão, várias misturas de ligações híbridas 's' ou puras 'p' devem sobrepor-se mais do que 's' ou puras 'p' e devem conduzir a ligações mais fortes.

Pauling e Sherman propuseram uma ordem de força de ligação relativa, e o seu método é valioso para determinar a força de ligação relativa de diferentes orbitais híbridos, embora não dê um resultado satisfatório para os orbitais híbridos s-p. Os seus valores são indicados na tabela.

Tipo de Orbital	Carácter direccional	Forças relativas
s	Não direccional	1.00
p	Mutualmente ortogonais	1.73
d	Pirâmide pentagonal	2.24
sp	Linear	1.93
sp^3	Tetrahedral	2.00
dsp^2	Planar quadrado	2.69
$d^2 sp^3$	Octahedral	2.92
$d^3 sp^3$		3.00

Múltiplas ligações covalentes:

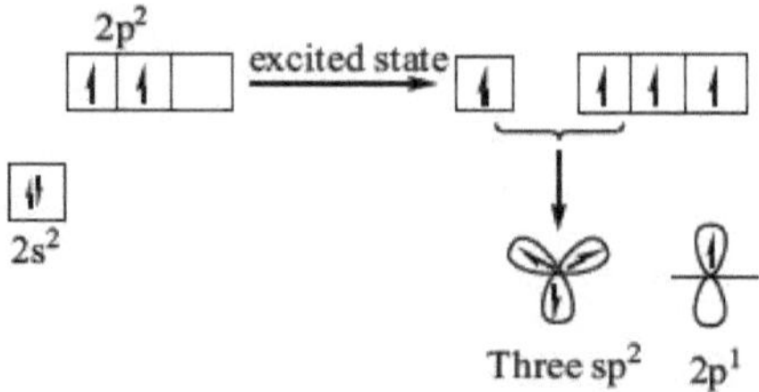

O carbono pode formar a ligação híbrida sp^2 . Há um orbital não-hibridizado de 2p com um electrão no átomo de carbono. Dois desses átomos podem formar uma ligação através da sobreposição de um orbital híbrido sp^2 de cada átomo. Assim, no elthylene, cada átomo de carbono usa três orbitais híbridos sp^2 ; um sobrepõe-se ao orbital sp^2 do outro átomo de carbono e dois sobrepõem-se aos orbitais s de dois átomos de hidrogénio. Dado que três sp^2 orbitlas são coplanares e formam 120 ângulos de ligação^0 , os três átomos ligados a cada átomo de carbono (2 H's e 1 C) são coplanares; por conseguinte, todos os seis átomos encontram-se no mesmo plano. Em cada átomo de carbono existe um 'p' orbital atómico perpendicular ao plano da molécula e contendo um electrão não emparelhado indicado pela figura seguinte.

Um resultado mais estável do sistema quando os dois orbitais atómicos p se coalescem para formar orbitais moleculares que englobam ambos os núcleos. Um tal orbital é chamado orbital pi devido ao plano nodal (ou seja, um plano onde a probabilidade de encontrar o electrão é zero), como se encontra nos orbitais atómicos 'p'. Os electrões envolvidos são referidos como pi electrões (*n)* e a ligação é chamada de *n* ligação.

Mais uma vez, duas orbitais atómicas combinam-se para dar duas orbitais moleculares.

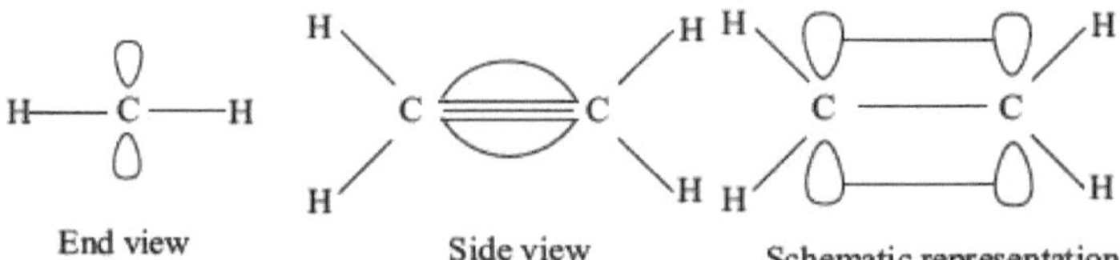

Vista final Vista lateral Representação esquemática
Uma ligação e um orbital molecular anti-ligação

8

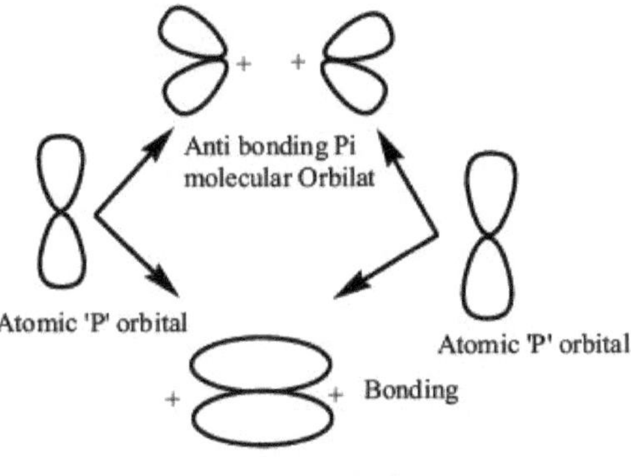

O orbital atómico p sobrepõe-se mais quando são orientados paralelamente um ao outro, mas a sobreposição é menor que a de dois orbitais que apontam um para o outro *(6 bond)*, o orbital molecular tipo pi- é menos estável em comparação com o orbital molecular tipo sigma. Por exemplo, a energia de uma ligação sigma carbono-carbono é cerca de 80 k.cal enquanto que a de uma ligação carbono-carbono pi é apenas cerca de 65 k.cal. Uma vez que os n electrões são mantidos menos firmes e podem ser facilmente deslocados ou polarizados do que os electrões sigma, por isso os n electrões são geralmente referidos como electrões móveis enquanto que os electrões sigma são ditos localizáveis.

Podem ocorrer ligações Pi entre diferentes átomos. Em oxime R2C=N-OH, sp^2 a hibridação de dois orbitais atómicos de 2p e 2s ocorre tanto em nitrogénio como em carbono. Uma ligação sp -sp^{22} sigma é formada entre os dois átomos, deixando um orbital p atómico em cada átomo para formar uma ligação pi. O átomo de azoto utiliza assim dois orbitais sp^2 para formar ligações sigma com os átomos de carbono e oxigénio e o terceiro orbital híbrido sp^2 detém o par único de azoto (o ângulo de ligação de C-N-O é120)$.^{o}$

Do mesmo modo, uma ligação tripla é análoga à de uma ligação dupla. Em acetileno, o sp átomo de carbono hibridizado forma duas ligações sigma (uma com átomo de hidrogénio e a outra com átomo de carbono). Isto deixa dois orbitais atómicos de 2p em cada átomo de carbono contendo electrões cada um e perpendiculares um ao outro. Os orbitais p paralelos nos átomos de carbono coalescem para formar dois orbitais moleculares pi. Isto dá à nuvem de electrões uma simetria cilíndrica, que pode ser diagramada como na figura seguinte.

Para o cianeto de alquilo, R-C≡N devido à hibridação sp similar (cilíndrico) foi observado.

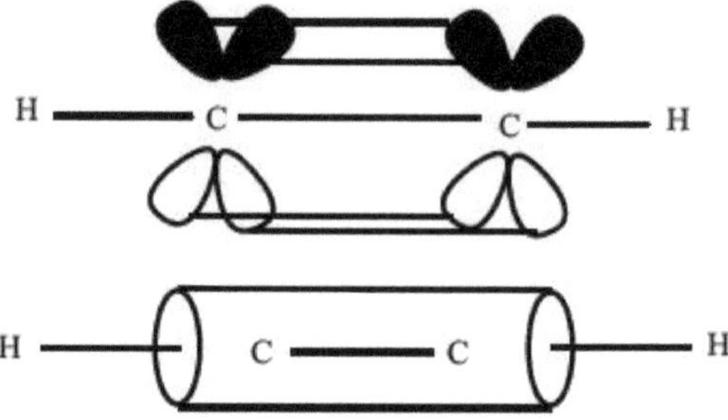

Acetileno

Assim, a hibridação pode ser definida como o método de adição e subtracção de orbitais atómicos de diferentes energias no mesmo átomo para formar um novo conjunto de orbitais, cada um com a mesma forma e energia.

Novamente uma ligação covalente é uma ligação de dois electrões, formada pela partilha de um ou mais pares de electrões entre átomos para permitir a cada átomo uma configuração electrónica de valência de octeto sem desistir ou ganhar um electrão. Ligação covalente em geral

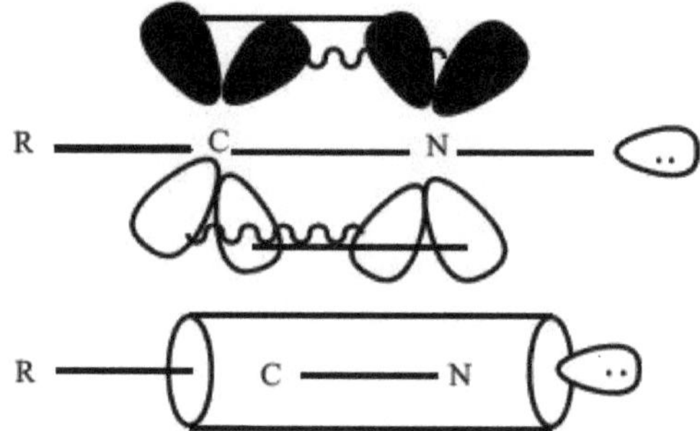

Cianeto de alquilo

ocorre quando a diferença de electronegatividade entre dois átomos ligados é inferior a 1,9. A maioria das ligações em moléculas orgânicas são ligações covalentes. Assim, cada átomo ganha electrões pela formação de ligações covalentes. A ligação covalente nas moléculas como H_2, Cl_2, CH_4, CH_3Cl etc. deve-se à existência de pares de electrões partilhados entre os átomos envolvidos na formação da ligação. Embora todas as ligações covalentes estejam envolvidas na partilha de electrões, elas diferem muito no grau de partilha. Quando a partilha igual de electrões forma a ligação (isto é, quando a diferença de electro-negatividade entre os dois átomos ligados é inferior a 0,5), a ligação é chamada ligação homopolar ou covalente não-polar e no caso de partilha desigual (isto é, quando a diferença de electro-negatividade está entre 0,5 a 1,9), a ligação é chamada ligação polar covalente.

Ligação covalente coordenada:

Outro tipo de ligação covalente é a ligação covalente coordenada (ligação doador-acceptor). Esta ligação é aquela em que os dois electrões provêm do mesmo átomo. O átomo ou íon, que doa o par de electrões para a formação da ligação, é conhecido como o doador. O átomo ou íon com concha electrónica exterior não preenchida, que partilha o par de electrões doado, é chamado o aceitador. No aduto H3N-BF3 a ligação N-B é uma ligação coordenada covalente porque a ligação N-B é formada através da partilha do par de electrões e o átomo de azoto doa tanto os electrões para adquirir uma carga positiva como o boro adquire uma carga negativa ao ganhar dois electrões para atingir uma configuração estável de gás inerte. Por conseguinte, a forma de ligação quando NH3 se combina com BF3 pode ser representada como:

8 valence electrons6 valence electrons

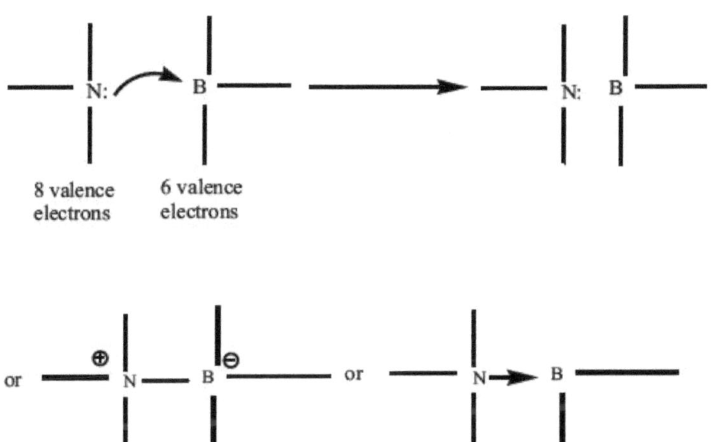

Covalent bonding e estruturas Lewis: G.N. Lewis sugeriu a ideia qualitativa correcta da ligação covalente e desenvolveu uma notação que permite utilizar os electrões de valência dos átomos nas moléculas para prever a ligação química da natureza nessas moléculas. Ao formar uma ligação covalente, um par de electrões ocupa a região entre dois núcleos e serve para proteger um núcleo de carga positiva da força repulsiva do outro núcleo de carga positiva e vice-versa. Por outras palavras, um par de electrões no espaço entre dois núcleos une-se e fixa a distância internuclear para estar em limites muito próximos. O par de electrões de uma ligação covalente em moléculas é mostrado como um par de pontos entre dois átomos. Quase todas as moléculas ligadas covalentemente partilham um ou mais pares de electrões entre os átomos, de tal forma que cada

11

átomo atinge um octeto de electrões, excepto o átomo de hidrogénio que consiste em apenas dois electrões.

Nas moléculas, os átomos são representados pelo símbolo do elemento com ponto à sua volta para indicar o número de electrões na concha da valência. Para escrever estruturas de ponto de Lewis para uma molécula, precisamos de saber o número de electrões mais exteriores num átomo, porque apenas os electrões mais exteriores estão envolvidos na formação de ligação covalente, uma vez que são menos apertados com os átomos e são chamados electrões de valência. O número de ligações covalentes (ou valência) de um átomo em molécula pode ser determinado subtraindo do octeto o número de electrões mais externos (electrões de valência) de um átomo.

Número de ligações covalentes = 8- número de electrões de valência.

Por exemplo, o C tem quatro electrões de valência, pelo que pode formar quatro ligações covalentes. O oxigénio tem seis electrões de valência, pelo que pode formar apenas duas ligações covalentes, contribuindo com dois electrões e outros quatro electrões de valência sobre o oxigénio permanecem como dois pares de electrões sem ligação.

quatro electrões de valência podem formar quatro ligações
dois elétrons não-bnding

dois electrões de valência podem formar duas ligações
Mas em Boro, há três electrões na célula mais externa, pelo que pode formar três ligações covalentes e obter configuração electrónica de sexteto. Devido ao octeto incompleto, as moléculas de boro são muito instáveis e reactivas.

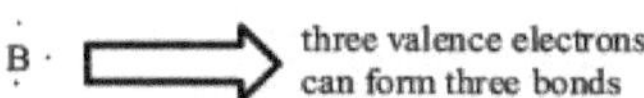

três electrões de valência podem formar três ligações
Agora desenha a estrutura de Lewis para algumas moléculas. Para construir a estrutura de Lewis para moléculas de metano, determinar primeiro que o carbono pode contribuir com quatro electrões (dois 2s e dois electrões 2p) para a formação de ligações covalentes e cada hidrogénio contribui com um electrão de 1s. Assim, são formadas quatro ligações covalentes sem sobrar electrões. Da mesma forma, em NH3, o azoto contribui com cinco electrões e três de hidrogénio contribuem com um electrão cada. Assim, em NH3, formam-se três ligações covalentes com dois electrões que sobram como pares de electrões sem ligações.

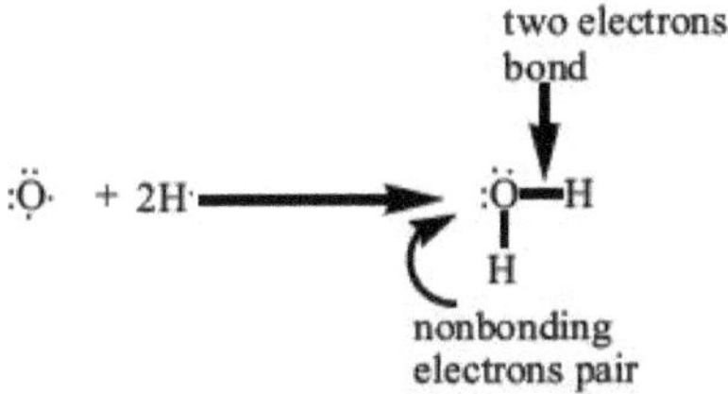

Em estruturas Lewis completas, cada electrão de valência é escrito como um ponto. Numa forma ligeiramente mais abstracta da estrutura de Lewis, o par de electrões em ligações é mostrado como linhas e apenas os electrões de valência sem ligações nos átomos são escritos como pontos.

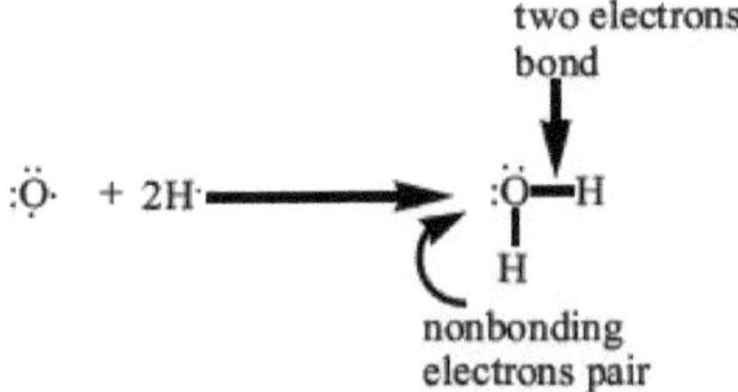

Lewis estruturas de poucas moléculas orgânicas

Directrizes para o desenho de estruturas Lewis:

A notação Lewis da estrutura química pode ser utilizada para prever com precisão o número de pares de electrões sem ligação de um átomo e se todos os átomos utilizarão ligações simples, duplas ou triplas para formar uma molécula específica.

(a) Contar o número total de electrões de valência dos átomos neutros na molécula ou no ião. Adicionar um electrão com os electrões de valência para obter o número total de electrões de valência para cada ião de carga negativa, e subtrair um electrão para cada ião de carga positiva.

(b) Determinar a disposição dos átomos na molécula ou no ião. Em seguida, escrever o símbolo de cada átomo e ligá-los com ligações únicas.

(c) Preencher cada átomo por pares de electrões para que cada átomo obtenha um octeto de electrões com uma estrutura imaginária unidireccional.

(d) Remover o excesso de electrões da estrutura imaginária para obter o número total de electrões de valência (contados no passo 1). Partilhar os electrões simples em átomos adjacentes para obter um par de ligação de tal forma que dois electrões devem rodear cada átomo de hidrogénio e oito electrões devem rodear cada átomo da primeira fila.

(e) Um par de electrões envolvidos numa ligação covalente é mostrado como uma ligação única e um par não partilhado como um par de pontos.

(f) Finalmente, calcular a taxa formal sobre cada átomo.

Exemplos:

(1) NO2 (2) CO

Número total de elétrons de valência Número total de elétrons de valência

5+6+6=1 74+6=10

Taxa líquida 0 Taxa líquida 0

Total 17 electrões Total 10 electrões

Após adição da taxa da fórmula Após adição da taxa da fórmula

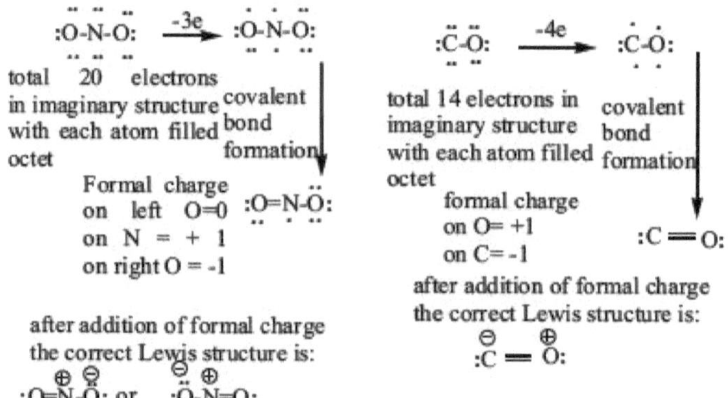

For CH$_3$NC:

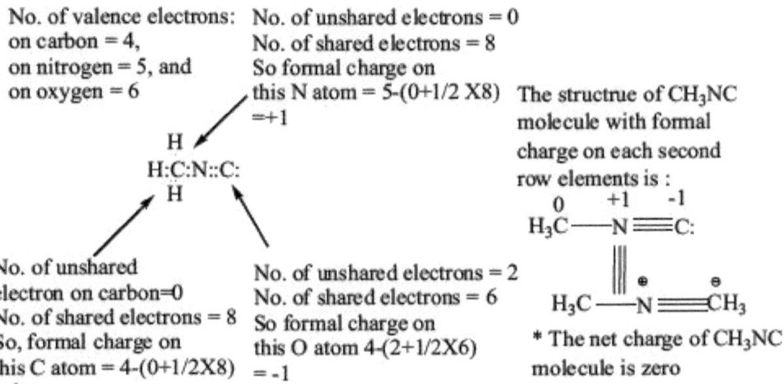

No. of valence electrons:
on carbon = 4,
on nitrogen = 5, and
on oxygen = 6

No. of unshared electrons = 0
No. of shared electrons = 8
So formal charge on this N atom = 5-(0+1/2 X8)
=+1

The structrue of CH$_3$NC molecule with formal charge on each second row elements is :

No. of unshared electron on carbon=0
No. of shared electrons = 8
So, formal charge on this C atom = 4-(0+1/2X8)
= 0

No. of unshared electrons = 2
No. of shared electrons = 6
So formal charge on this O atom 4-(2+1/2X6)
= -1

* The net charge of CH$_3$NC molecule is zero

For CH$_3$NO$_2$:

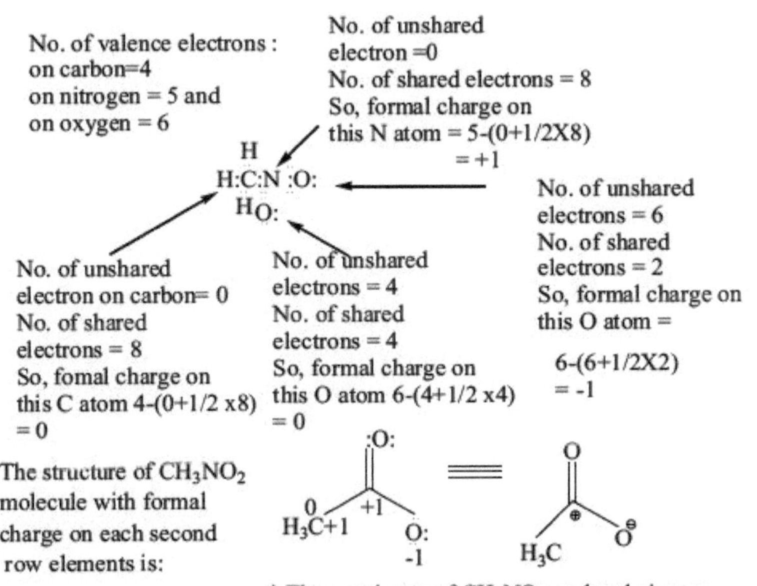

No. of valence electrons :
on carbon=4
on nitrogen = 5 and
on oxygen = 6

No. of unshared electron =0
No. of shared electrons = 8
So, formal charge on this N atom = 5-(0+1/2X8)
=+1

No. of unshared electrons = 6
No. of shared electrons = 2
So, formal charge on this O atom =
6-(6+1/2X2)
= -1

No. of unshared electron on carbon= 0
No. of shared electrons = 8
So, fomal charge on this C atom 4-(0+1/2 x8)
= 0

No. of unshared electrons = 4
No. of shared electrons = 4
So, formal charge on this O atom 6-(4+1/2 x4)
= 0

The structure of CH$_3$NO$_2$ molecule with formal charge on each second row elements is:

* The net charge of CH$_3$NO$_2$ molecule is zero

Limitações das estruturas de Lewis:
A estrutura de Lewis e a teoria VSEPR ajudam-nos a compreender a natureza da ligação covalente e a geometria das moléculas orgânicas, mas existem algumas ambiguidades.
(1) A estrutura de Lewis não pode explicar o conceito de estrutura atómica; que afirma que os electrões do átomo não são fixos no espaço, mas movem-se à volta do núcleo. Assim, não se pode compreender como é que um par de electrões forma uma ligação estável e definitivamente dirigida entre os átomos.
(2) Um átomo com uma configuração electrónica de octeto, o modelo Lewis não correlaciona a estrutura e reactividade das moléculas orgânicas, por exemplo, as ligações simples carbono-carbono são bastante não reactivas enquanto que as ligações duplas carbono-carbono são mais reactivas.

Carga Formal:
A carga formal é a carga atribuída a átomos individuais na estrutura de Lewis de uma molécula ou íon poliatómico. Isto é importante porque ao calculá-la podemos determinar quais os átomos de uma molécula ou íon poliatómico (por exemplo $H3O^+$, $CH3NH3^+$, $HCO3^-$ etc.) que suportam a carga positiva ou negativa. Na realidade, dá uma ideia aproximada sobre a distribuição da carga dentro das moléculas. A carga formal é derivada da seguinte forma:
1. Escrever a estrutura Lewis correcta de uma molécula ou íon.
2. Atribuir a cada átomo todos os seus pares de electrões não partilhados (não ligados) e uma metade dos seus electrões partilhados (ligados).
3. Comparar este número com os electrões de valência no átomo neutro, sem limites. Se o número de electrões atribuídos a um átomo ligado for inferior ao atribuído ao átomo não ligado, então mais carga positiva está no núcleo depois de contrabalançar cargas negativas e o átomo tem uma carga formal positiva e vice-versa.
Carga formal = Número de electrões de valência no átomo neutro não ligado - (número de todos os electrões não partilhados + 1/2 o número de todos os electrões partilhados) 4. número estéreo = 1/2 (electrões de valência do átomo central + no de átomo univalente + carga negativa - carga positiva)
5. A soma das cargas formais sobre cada átomo é igual à carga líquida sobre a molécula. Por exemplo, no carbono de metil anião tem quatro electrões de valência, dois electrões sem ligação e uma parte em três ligações covalentes. Assim, a carga formal será:

Taxa formal = 4-(2+1/2x6) = 4-5= -1. Por conseguinte, o carbono deve ser carregado negativamente.

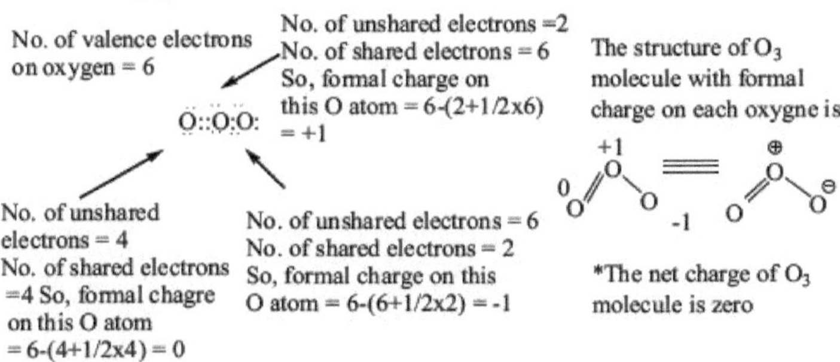

$$N^+O_2 \longrightarrow :\ddot{O}=N^+=\ddot{O}:$$

Três pares partilhados deNúmero   de valências electrões em torno de electrões de carbono = 4
N.º de electrões de valência sobre oxigénio = 6
Nº de electrões não partilhados =2
N.º de electrões partilhados = 6 Então, carga formal sobre
A estrutura da molécula O₃ com molécula formal
este átomo de O = 6-(2+1/2x6) = +1
carga em cada oxygne é:
N.º de electrões não partilhados = 4 N.º de electrões partilhados = 4 Então, acordo formal sobre este átomo O
Nº de electrões não partilhados = 6
Nº de electrões partilhados ⁻ 2 Então, carga formal sobre este átomo de O = 6-(6+1/2x2) = -1
*A carga líquida da molécula O₃ é zero

    Número de não-contribuições
par de   electrões =2 Número de electrões
electrões sem   partilhados = 6
ligação   Carga formal sobre carbono = 4-(2+1/2x6)=-1 que é uma carga líquida negativa de carbono adquirido.

Para o Ozono (O)$_3$

= 6-(4+1/2x4) = 0

O azoto central é ligado a um oxigénio por ligação dupla e outro oxigénio por uma ligação covalente coordenada e o electrão não emparelhado ionizado para obter uma carga +ve sobre o azoto. Como o nitrogénio não tem um octeto à sua volta, por isso mostra sempre carácter electrofílico.

S- Centro é nucleófila uma vez que contém um par de linhas após o octeto

Hibridização e estrutura (resumo):

O electrão de valência do átomo central é = a

N^o de átomo univalente excepto o átomo central é = b

N^o de átomo bivalente excepto o átomo central é = c

N.º de átomo trivalente excepto o átomo central é = d

N.º de átomo tetravalente esperar que o átomo central seja = e

A carga do ião (no caso do ião) é = $\pm$ z

Então o total sem electrão do electrão sigma e electrão não distribuído é = a + (1xb) + (0xc)+ (-1xd) + (-2xe) = z

N.º de orbitais híbridos	Natureza da hibridização	Estrutura	Exemplo
2	SP	Linear	HCN,CH2, CO2 BeCl2, N3-, CH2N2
3	Sp^2	Planificador Triangular	BF3, GaCl3, NOCl
4	Sp^3	Tetrahedral	NH;, CH4, BF4$^-$, $SOCl_2$, $H_2 O$, NH3
5	$Sp\ d^3$	Trigonal bipiramidal	V2O5, PCl5
6	$Sp\ d^{32}$	octaédrico	$SnCl4^{2-}$, SF6
7	$Sp\ d^{33}$	Pentagonal bipiramidal	$^{1F}7$

Dupla ligação equivalente / índice de deficiência de hidrogénio:

O índice de deficiência de Hidrogénio (IDH) é definido como o número de pares de átomos de hidrogénio que devem ser subtraídos da fórmula molecular do alcano correspondente para dar a fórmula molecular do composto em consideração. O índice de deficiência de hidrogénio também conhecido como o "grau de insaturação" ou o número de equivalentes de dupla ligação (DBE).

Por exemplo, fórmula alkane normal = CnH2n+2. Quando n = 6; Fórmula = C6H14. Então HDI = C6H14-C6H12/2 = um (par de Hidrogénio).

Cada ligação dupla consome um equivalente molar de hidrogénio, essa ligação tripla consome dois. Os anéis não são afectados pela hidrogenação à temperatura ambiente. Aplicando simplesmente a fórmula geral, podemos calcular o DBE.

Fórmula Geral = CaHbNcOd, DBE/HDI = a+1 (b-c)/2

Exemplo	MF	Valor de a, b, c & d.	HDI/DBE
Tetracanoeteno	C6N4	a=6 b=0 c=4 d=0	9
Dicyanodichloroquinona	C C12O2N2$_8$	a=8 b=12 c=2 d=2	9
Carbonsubóxido de carbono	C O2$_3$	a=3 b=0 c=0 d=2	4
Bicyclo[2,2,0] heptano	C7H12	a=7 b=12 c=0 d=0	2
1,3 Butadiyne	C4H2	a=4 b=2 c=0 d=0	4
Adamentane	C10H16	a=10 b=16 c= 0 d=0	3
Urotropeno	C6H12N4	a=6 b=12 c=4 d=4	3
Hexafenilbenzeno	C42N4	a=42 b=30 c=0 d=0	28
p-Nitroanilina	C6H6N2O2	a=6 b=6 c=2 d=2	5

Problema -1. O naftaleno tem o M.F. C10H8. Calcular D.B.E. para o composto. O que é cada unidade de insaturação?

D.B.E. = (2 x 10 + 2-8)/2 = 7 5 laços duplos + 2 anéis

Problema -2. Um composto tem o M.F. C5H7N. Calcular D.B.E. para o composto. Quais são as combinações possíveis de anéis e ligações duplas?

D.B.E. = (2n + 2 + m -7)/2 = (10 + 2 + 1 - 7)/2

3 ligações duplas ou 1 ligação dupla + 1 ligação tripla.

ou 2 ligações duplas + um anel ou 1 ligação tripla + um anel ou uma ligação dupla + dois anéis ou três anéis.

Alguns casos excepcionais de hibridação:

Quando a restrição geométrica existe, os átomos não podem seguir o empirismo acima referido.

Aqui 2ō, e 1n e 1 orbital vago, n e orbital vago não podem participar na hibridação. Assim, a hibridação esperada é sp; mas a estrutura hexagonal regular do anel benzenoidal não permite a linearidade deste (C$^+$) carbono devido à elevada tensão e tornar-se instável. O carbono mantém o seu carácter híbrido sp2 como no benzeno.

orbital vago sp^2 orbital

(b) Do mesmo modo, em benzina, os dois carbonos associados à ligação 'extra' n permanecem no estado híbrido sp^2 (em vez de sp esperado).

Altamente tenso

Benzyen

A distância entre as duas orbitais é grande, orerlap demasiado pequena, esta

ligação p é muito fraca.
Altamente tenso

(c)

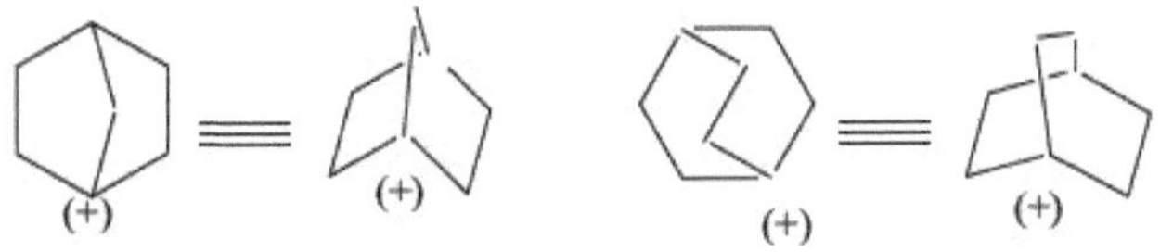

(A)   (B)

O carbono da cabeça de ponte nestes compostos não pode adquirir planaridade (com o seu átomo ligado) como requerido pela hibridação sp^2 (esperado, estando um orbital vago). Por conseguinte, estes carbonos permanecem no estado de hibridação de sp^3 .

(d) Para carbonil teoricamente o estado de hibridação para o átomo de oxigénio é sp^2 (um pn, um σ e dois pares solitários). No entanto, uma vez que o ângulo não pode ser medido, isto não pode ser verificado experimentalmente. No entanto, a espectroscopia visível por UV explica o estado de hibridação sp do oxigénio.

CAPÍTULO II

Imagem orbital da colagem:
Sp orbitais híbridos: A combinação de um orbital atómico 2s com um único orbital atómico 2p cria um orbital híbrido sp onde dois orbitais atómicos 2p permanecem des-híbridos. Os dois orbitais híbridos sp resultantes apontam para 1800 separados, separando os electrões de ligação tanto quanto possível. Duas orbitais 2p não-hibridizadas, cada uma com um único electrão, podem formar duas ligações pi com outros um ou dois átomos adjacentes numa molécula. Isto é mostrado como:

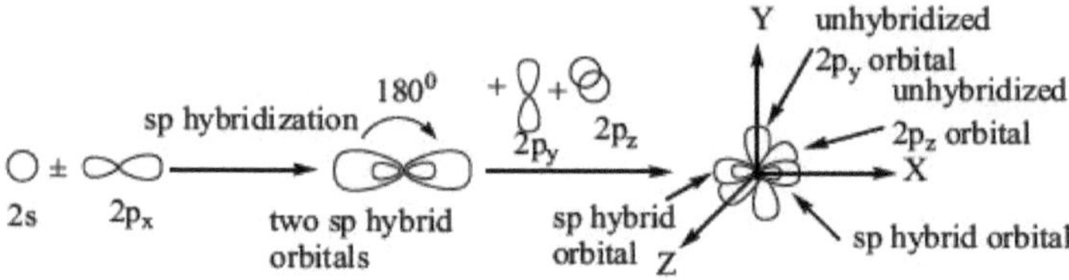

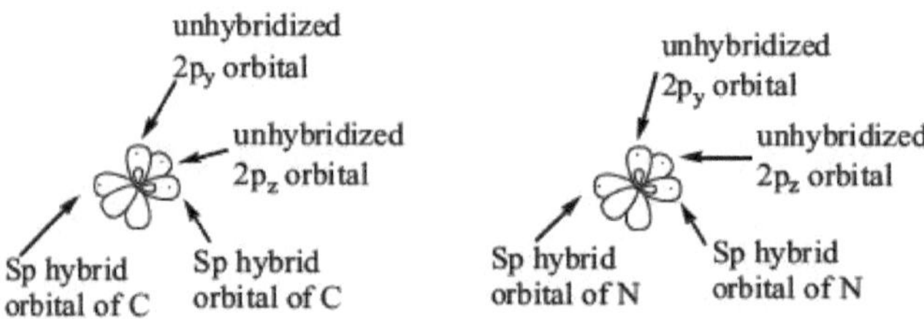

Na molécula de acetileno, a ligação tripla de carbono-carbono consiste numa ligação sigma formada pela sobreposição do orbital híbrido sp e duas ligações pi formadas pela sobreposição do orbital paralelo 2p (py-py) e (pz-pz).

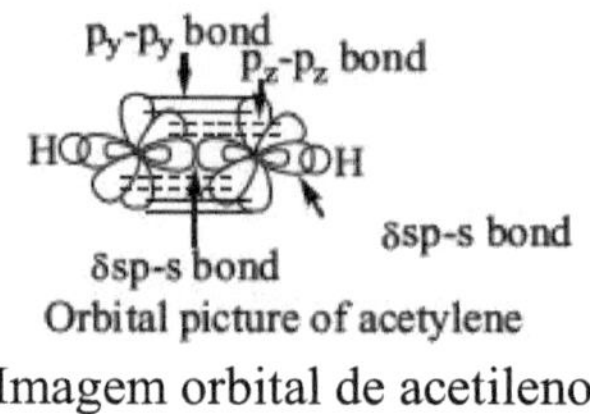

Imagem orbital de acetileno

Sp^2 orbitais híbridos: Quando um orbital atómico 2s combina com dois orbitais atómicos 2p, os três orbitais híbridos equivalentes sp^2 resultantes são orientados a 1200 ângulos um do outro. Estes três orbitais híbridos sp^2 situam-se num plano e são dirigidos para o canto de um triângulo equilátero. Há ainda um orbital 2p não hibridizado que consiste em dois lóbulos perpendiculares ao plano dos três orbitais híbridos sp^2 e este orbital 2p permanece não hibridizado a fim de formar uma ligação n.

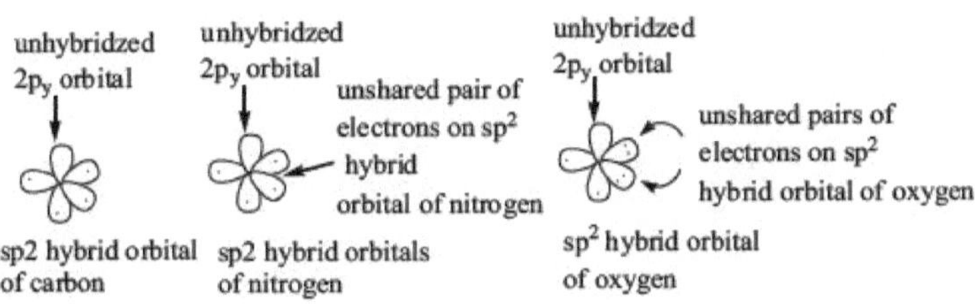

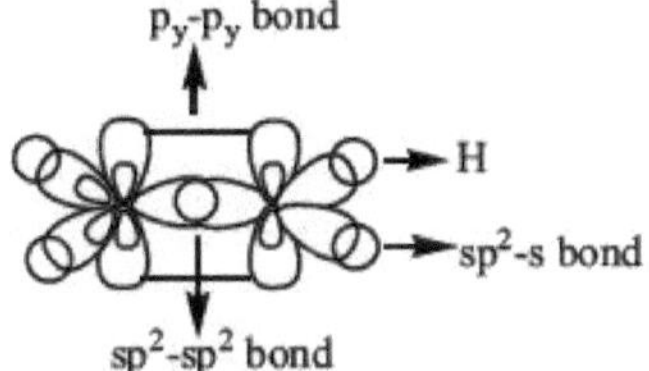

Fotografia orbital do etileno

sp^3 Orbitais híbridos: Um orbital atómico 2s e três orbitais atómicos 2P misturam-se para construir um novo conjunto de quatro orbitais equivalentes, cada um dos quais com 1/4 s e 3/4 P de carácter. Cada orbital sP^3 resultante tem dois lóbulos de tamanho muito desigual. O lóbulo grande Aponta numa direcção e um lóbulo menor Aponta na direcção oposta e, em última análise, dá um carácter mais direccional do que os orbitais originais. Cada lóbulo grande concentra a sua densidade de electrões mais eficientemente na direcção sobreposta entre os dois núcleos, o que faz ligações mais fortes do que as ligações formadas pela sobreposição de um orbital puro de 2s ou 2p. Observa-se experimentalmente que a força de uma ligação híbrida sp^3 de C a H é de 103 K.cal/mole enquanto as ligações orbitais correspondentes de 2s e 2p têm forças de apenas 60 k.cal/ mole respectivamente.

' orbital com maior carácter direccional forma uma ligação mais forte

orbital p orbital híbrido puro

Os eixos dos quatro orbitais híbridos sp^3 são dirigidos para os cantos de um tetraedro regular e sp^3 a hibridação resulta em ângulos de ligação de aproximadamente 109,50. Se houver electrões não emparelhados, então pode estar envolvida na formação de ligações covalentes.

A molécula de metano é considerada como tendo quatro ligações C-H 6 originárias da sobreposição de quatro sp³ orbitais híbridos de carbono com quatro orbitais de hidrogénio de 1s.

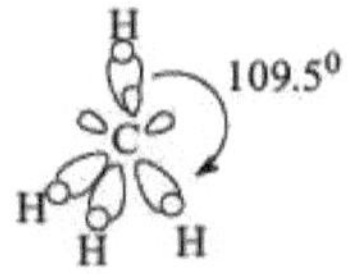

Imagem orbital do CH₄

O oxigénio não pode ser hibridizado sp (teoricamente) porque durante a hibridação sp, dois pares de electrões não partilhados ocupam dois orbitais híbridos sp e dois electrões simples ocupam dois orbitais não hibridizados 2p. Os orbitais híbridos sp não podem formar ligações sigma, uma vez que estão duplamente ocupados. Uma vez que n ligações só saem juntamente com a ligação 6 e só se formam após a formação da ligação 6, duas orbitais 2p não-hibridizadas de oxigénio não podem formar n ligações.

Orbitais de 2p não hibridizados e ocupados individualmente não envolvem na π formação de obrigações sem formação de δ obrigações

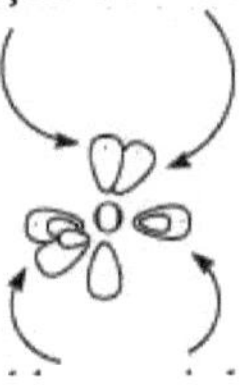

os orbitais híbridos de sp duplamente ocupados de O não podem formar 5 ligações

Representações orbitais de algumas moléculas e iões orgânicos típicos.

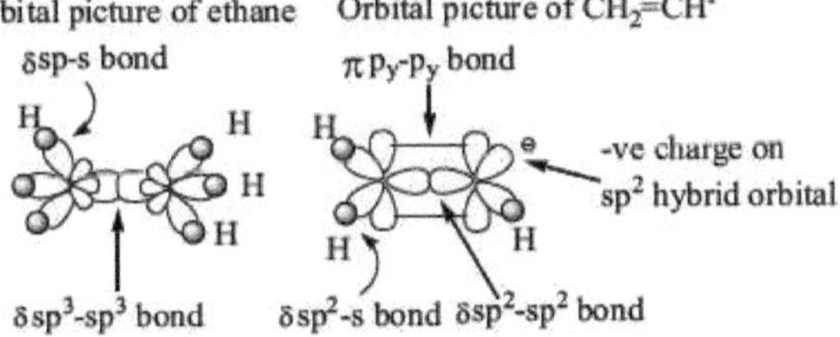

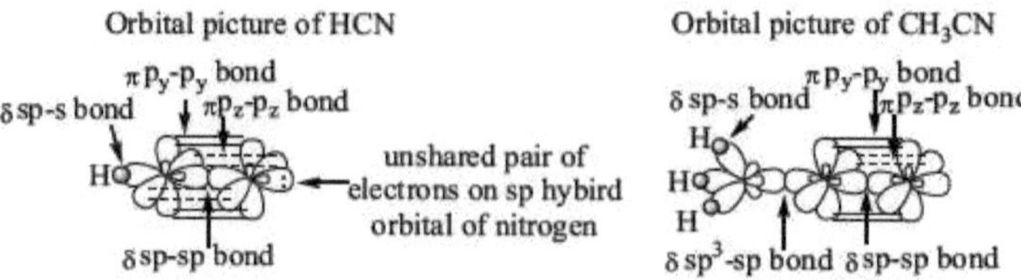

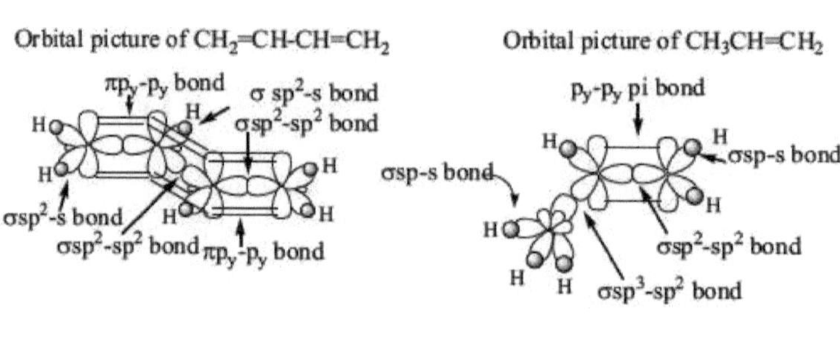

Orbital Picture of $\langle\langle\rangle\rangle$—CH₂⁺

CAPÍTULO III

Reacção e mecanismo:

Uma reacção química é um processo que está associado à quebra e criação de ligações. A quebra e a realização de ligações para diferentes reacções químicas são dois tipos:-

(a) Clivagem homolítica: Neste processo, o par de electrões é igualmente partilhado pelos dois átomos de ligação e são produzidos radicais livres.

$$A \!-\!\! \xi \!-\! B \longrightarrow A^{\cdot} + B^{\cdot}$$

eneralmente quando os elementos dos grupos V, VI e VII estão presentes numa ligação sente-se a repulsão electrostática do par solitário e a energia da ligação torna-se menor. Assim, a ligação sofre uma fissão homolítica na presença de luz solar ou calor.

(b) Clivagem heterogénea: Neste processo, o par de electrões de uma ligação pode ser
transferidos para qualquer dos átomos de ligação com a formação de cátions e ânions.

$$A - B \longrightarrow A^{+} + B^{-}$$
$$or$$
$$A - B \longrightarrow A^{-} + B^{+}$$

Geralmente o átomo mais electronegativo forma ânion e vice-versa. À medida que os iões são produzidos, o caminho é chamado de caminhos iónicos e ocorre frequentemente entre compostos polares em solventes polares.

Dependendo do caminho mecanicista, a reacção orgânica é de três tipos:-

a)) Reacção radical: Esta é uma reacção em cadeia. A reacção procede por fissão homolítica de uma ligação covalente para produzir radical livre catalisado pela luz, peróxido ou alta temperatura cm solvente não polar ou em estado gasoso.

Exemplo:

$$Example: \quad Cl_2 \xrightarrow{\ h\nu\ } Cl^{\cdot} + Cl^{\cdot}$$

$$H_3C\text{-}H + \overset{\cdot}{C}l \longrightarrow [\overset{\delta+}{H_3C}\cdots H\cdots \overset{\delta-}{Cl}]^{\neq} \longrightarrow \overset{\cdot}{C}H_3 + HCl$$

electrophilic radical

$$Again \quad H_3\overset{\cdot}{C} + Br\text{-}Br \longrightarrow [\overset{\delta+}{H_3C}\cdots Br\cdots \overset{\delta-}{Br}]^{\neq} \longrightarrow H_3CBr + \overset{\cdot}{B}r$$

NB: Para reacção radical livre, a seta deve ter uma única cabeça.

b) Reacção iónica: A reacção procede por fissão heterolítica de uma ligação covalente para produzir iões; catalisada por ácido ou base principalmente em solvente polar. Esta não é uma reacção em cadeia.

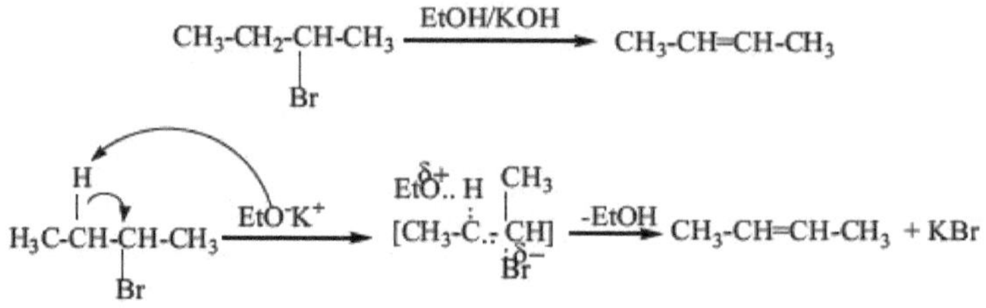

Mech: $EtOH + KOH \rightarrow EtO^-K^+ + H_2O$

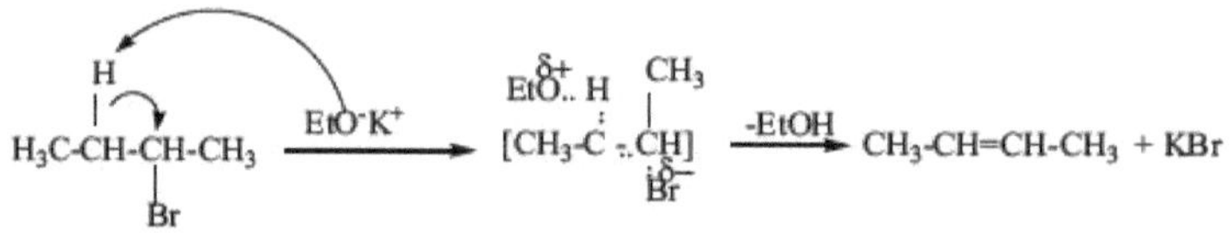

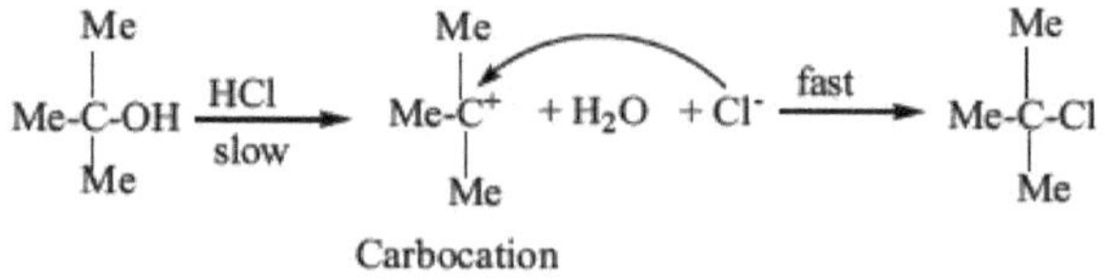

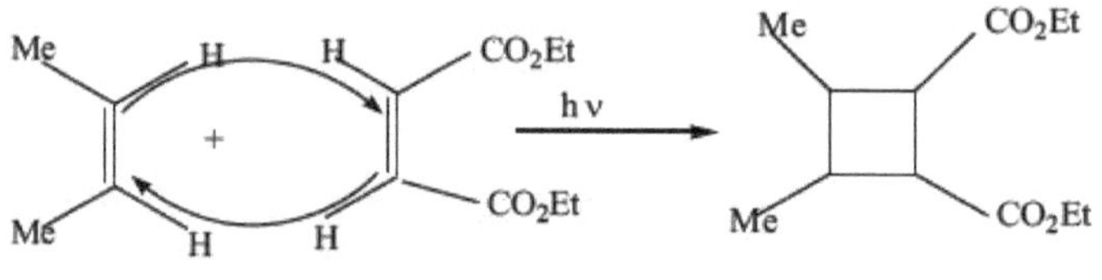

N.B. - Para reacção iónica, a seta deve ter dupla cabeça.

(c) Reacção pericíclica: Uma reacção pericíclica é aquela em que as ligações são feitas ou quebradas através de um estado de transição cíclica concertada pelas influências da luz ou do calor. À medida que a reacção prossegue através de um caminho concertado, não há nenhuma reacção intermédia ao contrário da reacção iónica.

Exemplo: i)

Mais uma vez as reacções orgânicas foram classificadas em quatro tipos, dependendo da descrição detalhada dos caminhos através dos quais os reagentes são convertidos em produtos.

1. Reacções de substituição: Nesta reacção um átomo ou um grupo ligado a um átomo de carbono é substituído por outro grupo ou átomo.

$$-\overset{|}{\underset{|}{C}}-Y + Z \qquad -\overset{|}{\underset{|}{C}}-Z + Y$$

(Z = incoming group)   (Y= leaving group)

Aqui a natureza de deixar o grupo para cima, ou seja, Y pode ser um electrofilo, um nucleófilo ou um radical livre.

1a. Reacção de substituição electrofílica: Este tipo de reacção ocorre principalmente em compostos aromáticos em vez de reacção de adição. Aqui a aromaticidade é a força motriz que favorece a reacção de substituição.

$$\text{Benzene} + \xrightarrow[\text{(1:1)}]{\text{Conc. } HNO_3 + \text{Conc. } H_2SO_4} \quad \sigma\text{-Complex} \xrightarrow{-H^+} \text{Nitrobenzen}$$

b) Reacção de substituição radical: Este tipo de reacção ocorre quando os radicais livres actuam como um intermediário reactivo. A reacção ocorre principalmente através de duas ou três etapas (iniciação, propagação e terminação).

$$RCO_2Ag \xrightarrow[CCl_4]{Br_2} R\text{-}Br$$

Exemplo: (reacção Hunsdiecker)

Mech:

Mech:

$$R-\overset{O}{\overset{\|}{C}}-\bar{O}Ag^+ \xrightarrow[-AgBr]{Br_2} R-\overset{O}{\overset{\|}{C}}-O-Br \rightleftharpoons R-\overset{O}{\overset{\|}{C}}-\dot{O} + \dot{B}r \xrightarrow{\text{initiation}} \dot{R} + Br \xrightarrow{\text{termination}} RBr$$

(c) Reacção de substituição nucleófila: Esta reacção pode ocorrer através de duas vias.

i) SN^1 (S-substituição, N-Nucleófila, 1- unimolecular)

Esta reacção ocorre em duas etapas em que a 1ª etapa é a etapa determinante (lenta) da taxa (r.d.s.). A taxa da reacção depende apenas da concentração do substrato, tornando-o, assim, pouco modulável.

$$\text{Step I} \quad -\overset{|}{\underset{|}{C}}-Y \xrightarrow[XZ]{slow} -\overset{|}{\underset{|}{C}}{}^+ + XY + Z^-$$

carbocation   Y=leaving group

$$\text{Step II} \quad -\overset{|}{\underset{|}{C}}{}^+ + Z^- \xrightarrow[\text{nucleophile}]{fast} -\overset{|}{\underset{|}{C}}-Z$$

29

ii)SN^2 (S-substitution, N- Nucleophilic, 2- bimolecular)

Esta reacção ocorre num único passo onde o nucleófilo que entra e o grupo que sai tem lugar em simultâneo. A reacção prossegue através de um estado de transição pentacoordenado (T.S.) onde o ataque de nucleófilos do lado de trás do grupo de saída e a taxa de reacção depende da concentração tanto do substrato como do reagente, tornando-o assim bimolecular.

$$-\overset{|}{\underset{|}{C}}-I + CN^- \longrightarrow NC\text{---}\overset{\delta^-}{\underset{|}{C}}\text{---}I^{\,\delta^+} \longrightarrow NC-\overset{|}{\underset{|}{C}}- + I^-$$

nucleophile — penta coordinated T.S. — leaving group

2. Reacção de adição: Esta é uma reacção em que uma molécula se combina com outra molécula a partir de uma molécula grande de uma única molécula.

$$A{=}B + E^+Nu^- \longrightarrow \underset{E}{A-B^+} + Nu^- \longrightarrow \underset{E\ \ Nu}{A-B}$$

(E$^+$-electrophile, Nu$^-$ - nucleophile)

(E$^+$ -electrophile, Nu$^-$ - nucleophile)

Assim, a reacção pode ser iniciada por electrofilo ou nucleófila.

2. a) Reacção de adição electrofílica: Este tipo de adição ocorre em alqueno e alquino. A reacção é iniciada pela parte positiva do reagente de entrada que forma uma ligação sigma e a parte negativa do reagente é ligada ao outro lado da ligação do alqueno ou alquino.

Exemplo:

3. b) Reacção de adição nucleófila: Este tipo de reacção ocorre quando um multibond está ligado a um átomo hetero (O, N, S) que leva ao dipolo permanente da ligação e a parte negativa do ataque reagente à parte positiva da ligação múltipla. Assim, a reacção é iniciada por um nucleófilo.

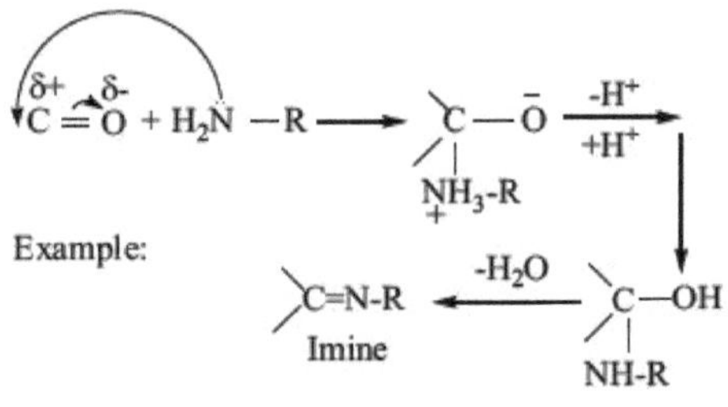

Example:

3. a) Mecanismo de duas fases: (E^1 reacção)

Neste caso, o beta-hidrogénio e o nucleófilo são eliminados em duas etapas distintas. A taxa de reacção depende apenas da concentração do substrato (unimolecular) e a etapa 1st é r.d.s.

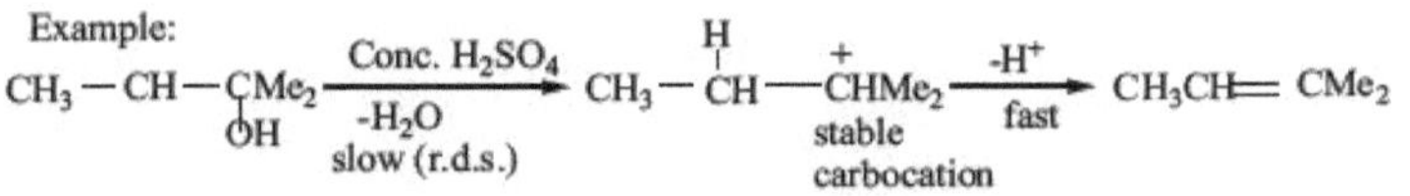

Example:

3. b) Mecanismo de um passo: (E^2 reacção)

Neste caso, o beta-hidrogénio e o nucleófilo são eliminados simultaneamente. A taxa de reacção depende tanto do substrato como do reagente. Portanto, a reacção é bimolecular.

Exemplo:

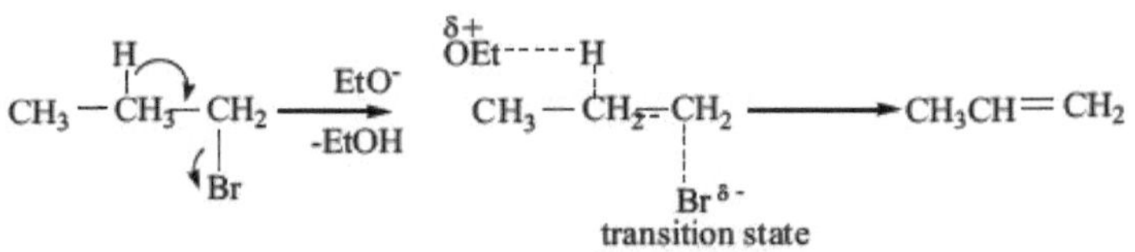

4. Reacção de reordenamento: Esta é uma reacção orgânica em que uma molécula se rearranjou para dar um isómero estrutural da molécula original na presença de calor, luz ou reagentes diferentes. Muitas vezes um substituto move-se de um átomo para outro na mesma molécula.

Exemplo I

Example I

rearrangement (1,2-shift)

H$_3$O$^+$

H$_2$O -H$^+$

Reaction and mechanism

II

H$_2$SO$_4$

Ciclohexanona oxime

Regra da seta encaracolada para representação do mecanismo

Introdução: Durante a reacção orgânica são quebrados e formados vários laços covalentes. Uma vez que a ligação está associada a electrões, o processo de reacção pode ser considerado como uma redistribuição de electrões entre as moléculas. O químico orgânico utiliza o 'empurrão de seta' para expressar as formas como essa redistribuição de electrões pode ocorrer para definir possíveis mecanismos para as reacções. Antes de tentar 'empurrar com uma seta', o químico orgânico deve ter uma ideia da distribuição de electrões nas moléculas reagentes e de como esta distribuição irá influenciar a reactividade.

Distribuição de electrões em moléculas:

Certos átomos em moléculas podem ser considerados como sendo relativamente ricos em electrões ou pobres em electrões e considerados como centros Nucleófilos (à procura de núcleos) ou Electrofílicos (à procura de electrões) respectivamente.

a) Os elementos dos grupos V a VII levam pares solitários de electrões nos seus compostos neutros. Estes elementos representam, portanto, centros ricos em electrões em moléculas neutras. Em contrapartida, os elementos (excepto H) dos grupos I-III carregam p-orbitais baixos e vazios nos seus compostos neutros e estes representam centros pobres em electrões.

R^1—X—R^3 with R^2 (X= Group V element) R^1—Y—R^2 (Y= Group VI element) R—Z (Z= group VII element) R^1(R^2)B—R^3 (B= Boron, Group III element)

b) Também para o átomo H e elementos do grupo IV deve haver confusão se considerarmos apenas a densidade de electrões. Assim, são definidos a partir da polarização da ligação que surge devido à diferença de electro-negatividade com elementos ligados ao átomo H ou elementos do grupo IV. Se os elementos ligados forem mais electronegativos (elemento do grupo V-VII) do que o átomo H ou elementos do grupo IV, então os elementos H ou do grupo IV serão o centro electrofílico e vice-versa. Esta polarização é conhecida como efeito indutivo.

$$\underset{/}{\overset{\backslash}{C}}{}^{\delta+}\!-X^{\delta-} \qquad\qquad \underset{/}{\overset{\backslash}{X}}{}^{\delta-}\!-X^{\delta+}$$

$$H^{\delta+}\!\text{———}H^{\delta-} \qquad\qquad H^{\delta-}\!\text{———}H^{\delta+}$$

$$x= N, O, S, \text{halogen etc.} \qquad\qquad X= Na, B, etc$$

Os átomos que são carregados em virtude da ligação covalente dativa não são centros pobres ou ricos em electrões, mas induzem uma deficiência relativa ou um excesso nos átomos adjacentes.

$$\underset{/}{\overset{\backslash}{C}}{}^{\delta+}\!-N^{+}H_3\ Cl^{-} \qquad H^{\delta+}\!\text{———}B^{-}H_3\ Na^{+}$$

(c) Os átomos que são carregados em virtude da remoção de um átomo adjacente, com ou sem o par de electrões de ligação, são pobres ou ricos em electrões, respectivamente.

$$\left.\begin{array}{l} Cl^{+} \\[4pt] R_3C^{+} \end{array}\right\}\ electrophilic \qquad \left.\begin{array}{l} R_2N^{-} \\[4pt] I^{+} \end{array}\right\}\ nucleophilic$$

(d) As ligações n isoladas representam centros electrónicos relativamente ricos (centro nucleófilo) porque os electrões em n orbitais estão menos ligados aos átomos do que os que se encontram em 6 orbitais.

$$\underset{/}{\overset{\backslash}{C}}\!=\!\overset{/}{\underset{\backslash}{C}}$$

(e) Em sistemas conjugados ocorre um relativo excesso ou deficiência de electrões devido à deslocalização de electrões. Depois o átomo deficiente em electrões é electrofílico e vice-versa.

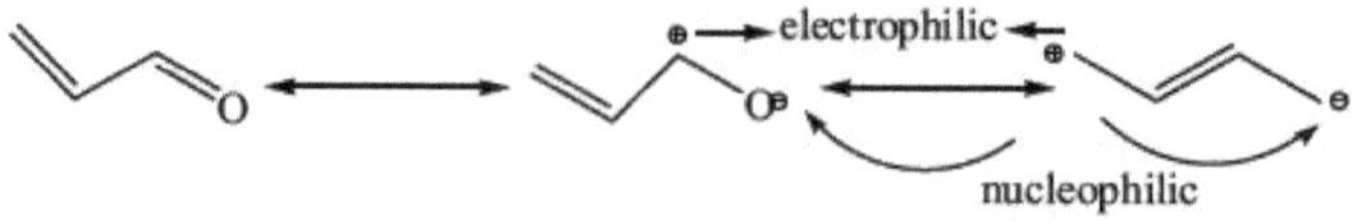

electrophilic

nucleophilic

Regra: 1

As setas de "cabeça dupla", curvadas ou curvas (<^) são usadas para denotar o caminho do movimento localizado dos pares de electrões nas reacções e as setas apontam na direcção em que se pensa que os electrões estão a avançar.

Centros ricos em electrões ou doadores < Centros pobres em electrões ou aceitadores.

Outros tipos de setas são utilizados na química orgânica e as setas curvas (curvilíneas) não são confundidas com setas para denotar o seguinte.

A в Reacção irreversível
A ‗B Reacção reversível
A в Ressonância

A —— B   Irreversible reaction
A —▬ B   Reversible reaction
A — B   Resonance

As setas curvas descrevem a formação ou clivagem de laços covalentes. Todas as ligações em química orgânica entre dois átomos são definidas pela presença de um par de electrões entre eles. Portanto, a formação de tal ligação deve ser denotada por uma seta cuja cabeça termina no espaço entre os dois átomos que os electrões irão ligar no produto; inversamente, a clivagem de tal ligação deve ser denotada por uma seta que começa na ligação entre os átomos onde os electrões se estão a ligar no reagente. Nem todos os pares de electrões estão envolvidos na colagem. Estes pares solitários sem ligação num determinado átomo podem ser utilizados para formar uma nova ligação. Em alternativa, podem ser formados pela fissão de uma ligação antiga. Portanto, as setas também podem começar e terminar em átomos individuais.

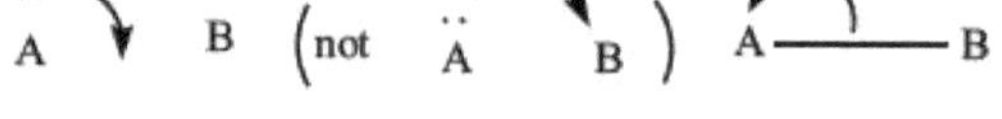

A V B (not A B) A———B

Regra: 2

Nas reacções radicais livres os electrões não se movem como um par, mas sim isoladamente. A redistribuição de electrões únicos é denotada por uma seta (curvada) de cabeça única.

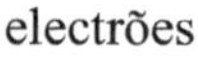

Estas setas obedecem às mesmas regras que as suas contrapartes de cabeça dupla, ou seja, devem começar ou terminar em átomos ou entre átomos. O movimento deste par de electrões de ligação para cada lado de uma ligação deixa uma única + carga num átomo e uma única - carga no outro átomo.

Contudo, nos processos radicais livres não há transferência líquida de um electrão extra de um átomo para o outro e, portanto, não há desenvolvimento de custos.

De acordo com a regra do octeto, uma espécie que tenha uma deficiência em relação ao octeto só será atacada por nucleófilos. Para as espécies [+] $CR3$ e [+] $NR4$ ou [+] $OR3$, a primeira tem um total de 6 electrões em torno do carbono (um ião de carbenio ou carbocentato) enquanto as duas últimas têm ambos 8 electrões em torno do átomo central (amónio, iões de oxónio). Assim, a primeira espécie será atacada por espécies com um par solitário disponível para completar o octeto (ataque nucleófilo), enquanto que as duas últimas não sofrerão tal ataque.

$$R_3C^+ + Br^- \longrightarrow R_3CBr \qquad R_4N^+ + Br^- \longrightarrow X$$

$$R_3O^+ + Br^- \longrightarrow X$$

Outra consequência da regra do octeto é que qualquer ataque nucleófilo sobre um elemento da 1ª fila numa molécula que já tenha uma quota de 8 electrões deve resultar no deslocamento de um par de electrões que se associam a outro átomo, isto é, a formação de ligação e a clivagem da ligação acompanham-se mutuamente durante a reacção em tais casos.

$$Nu^- \quad A \Longleftrightarrow B \longrightarrow Nu\text{---}A\text{---}B^-$$

$$Nu^- \quad A\text{---}B \longrightarrow Nu\text{---}A + B^-$$

Mais uma vez, a escrita de uma equação $^{-C-}$, RO⁻ ,ROH,⁻ OOH, etc.
mecanicista de electroneutralidade deve ser
mantida, ou seja, todas as cargas de ambos os lados da equação devem
equilibrar-se.

$$Na^+CN^- \,\,R \xrightarrow{\hspace{2cm}} OSO_2Me \longrightarrow NC \text{---} R + MeSO_2O^- \, Na^+$$

Substrato e reagente: Mencionar anteriormente que uma reacção química é um
processo associado à quebra e confecção de ligações. Para uma reacção orgânica
é essencial, finalmente, duas substâncias (excepto a reacção pericíclica) uma é
conhecida como substrato enquanto a outra é chamada reagente. Geralmente as
substâncias orgânicas são designadas como substrato e as substâncias
inorgânicas são designadas como reagente. Para uma reacção em que ambas as
substâncias são de natureza orgânica, então a designação de substrato e reagente
é arbitrária.

$$\text{a)} \quad H\text{---}\underset{\underset{\text{substrate}}{H}}{\overset{H}{C}}\text{---}I + \underset{\text{reagent}}{Na\overset{+}{C}N} \longrightarrow H\text{---}\underset{H}{\overset{H}{C}}\text{---}CN + NaI$$

Nos dois casos acima referidos, o reagente actua de forma diferente. No
primeiro caso, a parte rica em electrões do reagente atacou o substrato onde,
como no segundo caso, a parte deficiente em electrões do reagente atacado pelo
substrato. Assim, os reagentes são de dois tipos (i) reagente electrofílico ou
electrofilo e (ii) reagente nucleófilo ou nucleófilo.

Electrofilo: Os grupos ou espécies que possuem carga positiva formal ou que
actuam como aceitadores de electrões são geralmente conhecidos como
electrófilos.
Exemplo:

$$Cl^+, Br^+, I^+, H^+, \overset{|}{\underset{|}{C^+}}, \,\, C{=}O, AlCl_3, BF_3, \text{ etc.}$$

Nucleófilo: Os grupos ou espécies que possuem carga negativa formal ou
actuam como dadores de electrões são vulgarmente conhecidos como
nucleófilos.
Exemplos:

$$^-OH, \, ^-NH_2, \, NH_3, \, Cl^-, \, Br^-, \, I^-, ^-\overset{|}{\underset{|}{C}}, \, RO^-, ROH, \, ^-OOH, \text{ etc.}$$

Electrocombustão: Um grupo de saída que produz a partir da quebra
heterolítica de uma ligação covalente e não retém o par de electrões da referida
ligação são vulgarmente conhecidos como electrofuga.

Exemplos:

$$H^+, \quad -\overset{|}{\underset{|}{C}}{}^+ \quad etc$$

A tendência de um electrofugador sair de uma ligação covalente por quebra de ligação heterolítica é conhecida como electrofugacidade.

Nucleofuge: Um grupo de saída que produz a partir da quebra heterolítica de uma ligação covalente e retém o par de electrões da referida ligação são normalmente conhecidos como nucleofuge.

Exemplos:

$$Br^-, \ I^-, \ CN^-, \ ^-OTS, \ etc.$$

A tendência de um nucleofuge para sair de uma ligação covalente por quebra de ligação heterolítica é conhecida como nucleofugacidade.

Características comuns da electrofilia:

(a) Um electrofilo deve ter um orbital vazio baixo deitado.

(b) Obedece ao princípio SHAB que é um electrofilo macio combinará sempre com um nucleófilo macio e vice-versa.

(c) Mais átomo electro-negativo com carga positiva ou mais baixo o nível de energia do orbital vazio do electrofilco, mais será a sua reactividade. por exemplo, NO^+2 é mais reactivo do que $R3C^+$.

Características comuns dos nucleófilos:

(a) Numa fila de uma tabela periódica quanto mais básico for o ião, mais nucleófila é e num grupo mais a polaridade do ião, mais nucleófila é.

e.g., $^-CH3$ é mais nucleófila que $NH2^-$

e NH^-_2 é mais nucleófila do que ^-OH.

Mais uma vez I^- é mais nucleófila do que Cl^-.

(b) Quando o orbital do nucleófilo (HOMO) está cheio é energeticamente mais alto, mais nucleófilo é.

por exemplo, o $H2O2$ é mais nucleófila do que o $H2O$

e de forma semelhante $H N-NH_{22}$ é mais nucleófila do que NH_3.

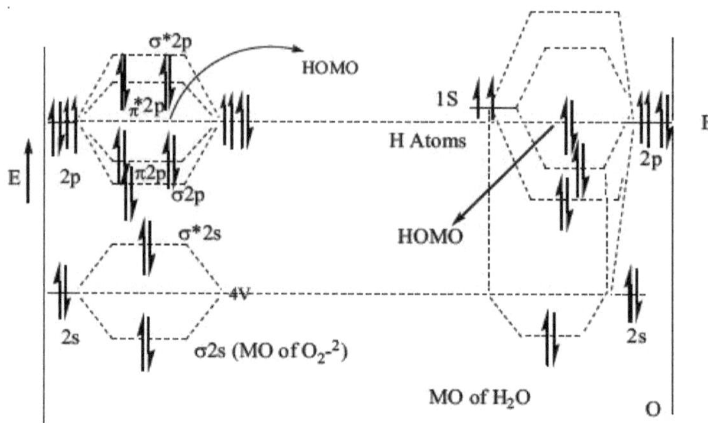

Assim, nos dois MOs acima referidos observou-se claramente que HOMO de $O2^{-2}$ é energeticamente superior a H2O. Portanto, H2O2 é mais nucleófila do que H2O. O fenómeno é também explicado em termos de "um efeito". Se houver um par solitário no átomo em relação ao átomo atacante, a nucleofilia aumenta à medida que a capacidade doadora de par solitário aumenta devido à repulsão do par solitário.

Exemplos:

$$H_2O_2{>}H_2O, \quad H_2N\text{-}NH_2{>}NH_2, \quad {}^-OOH{>}{}^-OH$$

$$(-)\ \ddot{O}\ \overset{\curlyvee}{\underset{\curlywedge}{|}}\ \ddot{O}-H$$

Repulsão de pares solitários

(c) Os nucleófilos também obedecem ao princípio SHAB.

$$R\text{-}Cl \Big\langle \begin{matrix} \xrightarrow[SN^1]{AgCN} AgCl + R\text{-}NC\ + RCN \\ \text{major} \\ \xrightarrow[SN^2]{KCN} KCl + RCN\ + RNC \\ \text{major} \end{matrix}$$

Nos casos acima referidos, quando a AgCN interage com R-Cl polariza a ligação R-Cl em maior escala e produz-se carbonização como espécie $(R+ \text{ or } R^{66+}\text{-}Cl^{66-})$ que é um centro duro ou ácido duro.

Novamente o CN^- é um nucleófilo ambidente com 'N' um centro duro e 'C' um centro mole. Assim, o centro 'N' reage com R+ ou R^{66+} para produzir R-NC como produto principal mas quando o KCN interage com R-Cl; o KCN pode polarizar a ligação RCl. Assim, 'R' permanece como um centro mole e centro mole de⁻ CN, ou seja, o centro C ataca R-Cl via SN^2 caminho e produz RCN como produto principal. O mesmo se observa para o NO2 ambidented

38

nucleófilo⁻ .

Intermediários reactivos:

Existem principalmente oito tipos de intermediários de reacção -

(i) Radicais de carbono

(ii) Carbocações

(iii)Carbanions

(iv)Carbenes

(v) Nitrenes

(vi)Benzynes

(vii) n-complexo

(viii) 6-complexo

Radicais de carbono: A fissão homolítica de uma ligação química produz radical de carbono onde os átomos de carbono carregam o electrão ímpar. A fissão é iniciada ou por exposição física (luz, calor, etc.) ou por reagente químico (peróxidos, compostos azóicos, etc.).

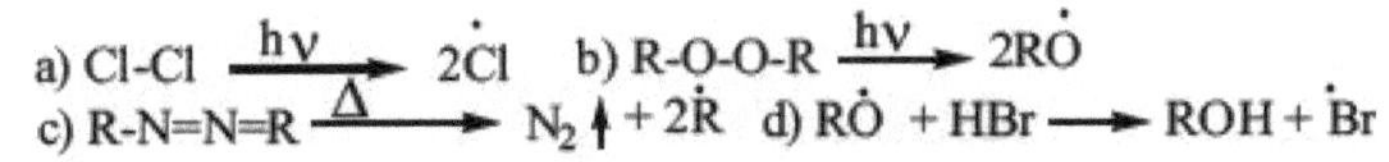

a) $Cl\text{-}Cl \xrightarrow{h\nu} 2\dot{C}l$ b) $R\text{-}O\text{-}O\text{-}R \xrightarrow{h\nu} 2R\dot{O}$

c) $R\text{-}N{=}N{=}R \xrightarrow{\Delta} N_2\uparrow + 2\dot{R}$ d) $R\dot{O} + HBr \longrightarrow ROH + \dot{B}r$

A estrutura do radical de carbono varia de planar a piramidal, dependendo do ambiente electrónico dos grupos ou átomos ligados com o carbono. Como o radical metílico é planar, ou seja, SP^2 hibridizado onde o electrão ímpar situado no orbital atómico 'P' mas o radical triflurométil é piramidal, ou seja, sp^3 hibridizado onde o electrão ímpar situado em SP^3 orbital atómico. No radical metilo b.p.-b.p. a interacção entre os electrões é superior à interacção entre os electrões b.p.-lone e leva a um ângulo de ligação de quase 120^0 ; enquanto que no CF, a interacção entre os electrões b.p.-loan é superior à interacção entre os electrões b.p.-b.p. devido à elevada electro-negatividade do átomo F e ao maior comprimento de ligação C-F do que o comprimento de ligação C-H e leva a um ângulo de ligação de quase
1090.

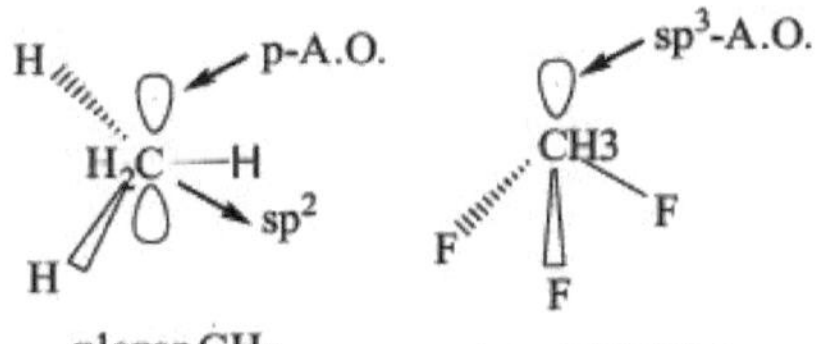

H
p-A.O.
H₂C —H
sp²
H
planar CH₃
sp³-A.O.
CH3
F
F
F
pyramidal CF₃

A ordem de estabilidade dos radicais de carbono depende da extensão da deslocalização de electrões ímpares quer por hiperconjugação quer por conjugação.

Exemplos:

$$Me3\ C^+ > Me\ C_2^+\ H > MeC^+\ H_2 > C^+\ H3$$

$$Ph3C^+ > Ph\,C_2^{+H} > Ph3C^{+H}_2$$

Alguns radicais livres estáveis são detectados.

$$Ag^- + Ph_3CCl \rightarrow Ph_3C^- + AgCl \downarrow$$

yellow

CMe$_3$ ─⟨benzene⟩─ CMe$_3$ with O$^-$ top and CMe$_3$ bottom $\xrightarrow{\text{K}_3\text{Fe(CN)}_6}$ CMe$_3$ ─⟨benzene⟩─ CMe$_3$ with Ȯ top and CMe$_3$ bottom

dark blue solid

Carbocações:

Os carbocados são de dois tipos: (a) iões de carbono (b) iões de carbenio

Os iões de carbonio são incomuns quando o carbono contém cinco ligações covalentes

, ou seja, $C^+ H5$ ion. É preparado por tratamento de CH4 com super ácido a temperatura muito baixa.

$$CH_4 \xrightarrow[\text{very low temp.}]{\text{super acid}} C^+H_5$$

Os iões de carbenio são muito comuns onde o carbono contém três ligações covalentes.

vacant p-orbital

Perparação de iões de carbenio (Carbocações)

Vários tipos de carbocações de produção de fissão heterolítica.

a) $Me_3CBr + Ag^+ \longrightarrow Me_3C^+ + AgBr \downarrow$

b) $Ar\text{-}CH_2\text{-}N_2^+ \xrightarrow{\Delta} Ar\text{-}CH_2^+ + N_2 \uparrow$

c) $PhCOCl \xrightarrow{AlCl_3} Ph\text{-}\overset{+}{C}=O + AlCl_4^-$

A estabilidade das carbonações depende da extensão da (a) conjugação, (b) hiperconjugação, (c) efeito indutivo, (d) efeito de solvação.

Exemplo

I) ▷─$\overset{+}{C}H_2$ > PhC^+H_2 > $\overset{+}{\diagup}\diagup$

II) $Me_3C^+ > Me_2C^+H > MeC^+H_2 > C^+H_3$ A estabilidade excepcional do cátion metilo ciclopropílico é a conjugação dos orbitais dobrados do anel ciclopropílico e o p-orbital vago do carbono catiónico.

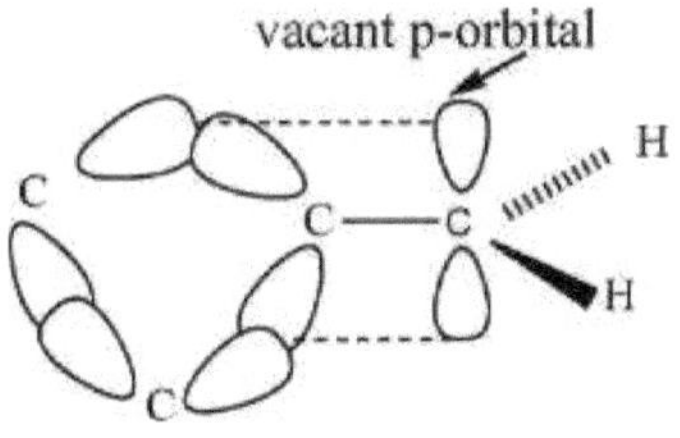

Ciclopropilmetil catião

Geralmente as carbonocações contêm duas ligações centrais de dois electrões e são conhecidas como carbonocações clássicas. Mas uma carbonocalização onde a carga positiva se espalha por pelo menos três átomos de carbono e os átomos formam um catião cíclico, então os dois catiões de ponte central de três electrões são chamados de carbonocações não clássicas.

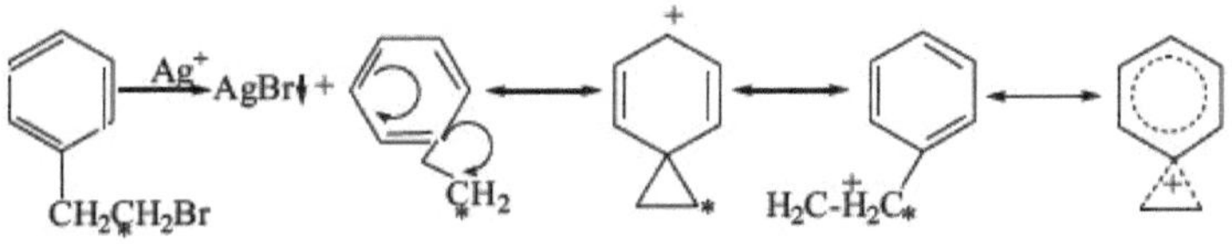

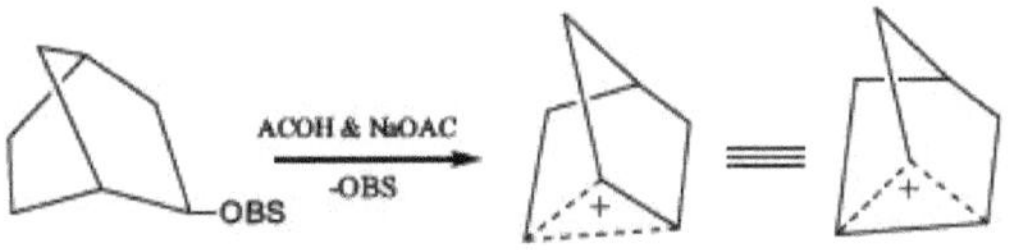

As carbonocações de cabeça de ponte são diferentes das carbonocações não-clássicas.

De acordo com a regra de Bredt, uma ligação dupla não pode ser colocada na cabeça da ponte de um sistema de anéis de ponte. A dupla ligação na posição da cabeça da ponte sofre de grande tensão, uma vez que não é possível uma orientação trigonal planar.

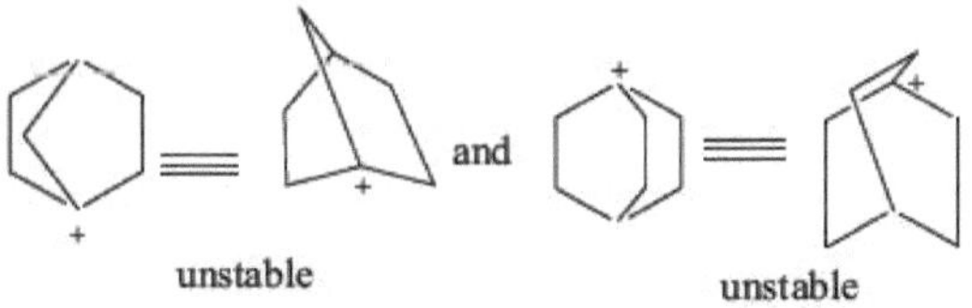

Carbaniões: Isto também é produzido pela clivagem heterolítica de uma ligação sigma e o átomo C transporta três ligações e um par único de electrões e faz com que o átomo C tenha uma carga negativa.

$$R-O-C(=O)-O^- \xrightarrow{\Delta} \bar{R} + CO_2 \uparrow \quad \text{electrofuge} \qquad \xrightleftharpoons[B^+H]{B:}$$

A estabilidade dos carbanions aumenta com a presença de conjugação, grupo de retirada de electrões ou aumento do s-caracter no carbono do carbanion.
Exemplos:

$$\bar{C}H_3 > \bar{C}H_2CH_3 > \bar{C}H\text{-}CH_3 > \bar{C}Me_3$$
$$\qquad\qquad\qquad\qquad |$$
$$\qquad\qquad\qquad\quad CH_3$$

$$F_3\bar{C} > F_2\bar{C}H > F\bar{C}H_2 > \bar{C}H_3$$

$$O_2N-\langle\bigcirc\rangle-\bar{C}H_2 > \langle\bigcirc\rangle-\bar{C}H_2 > \bar{C}H_3$$

$$HC\equiv\bar{C} > H_2C=\bar{C}H > H_3C\bar{C}H_2$$

Carbenes ou metilenos:

Os carbenes são espécies de vida muito curta onde o átomo C contém duas ligações e dois electrões, emparelhados ou não emparelhados. São geralmente espécies não-isoláveis. Metileno :CH; é o carbene mais simples e :CCl; é o carbene mais comum. Os carbenes são geralmente formados por reacção de eliminação e decomposição.

por decomposição

by elimination

$$CHCl_3 \xrightarrow[-HCl]{\text{alc. KOH}} \ddot{C}Cl_2$$

by decomposition

$$CH_2N_2 \xrightarrow{\text{heat or } h\nu} \ddot{C}H_2$$
$$CH_2=C=O \xrightarrow{\text{heat or } h\nu} \ddot{C}H_2$$

Normalmente o carbene triplo é mais estável do que o carbene simples correspondente, porque no carbene simples dois electrões ficam alojados num único orbital e há alguma repulsão entre os electrões e há um orbital vazio com quase a mesma energia. Mas o carbeno de uma tonelada que tem possibilidade de ressonância por ligação traseira é mais estável do que o carbeno de uma tonelada. Um singlet carbene produzido geralmente em fase líquida onde se formam carbenes triplet na fase gasosa (azoto, árgon, etc.) que actua como um sensibilizador. Ambos os carbenes tríplice (:CCl2, :CHCl) e tríplice (:CH$_2$, :CHPh, :CHR) têm forma dobrada (tripé :CPh$_2$ é linear devido à ressonância de dois electrões com dois Ph-ring) com ângulos de ligação de 100^0 a 150^0 .
No ângulo de ligação do carbeneto de uma tonelada situa-se entre 100^0 a 110^0 e sp^2 hibridizado, mas no ângulo de ligação do carbeneto de três toneladas situa-se entre 130^0 a 150^0 e no ângulo de hibridação situa-se entre sp^2 e sp.

nearly 103^0 vacant p Sp^2 A.O.

singlet carbene

hybridisation is between sp^2 and sp

nearly 136^0

triplet carbene

vacant P orbital

Carbenes electrofílicos e nucleófilos:

Carbeneto deficiente em electrões ou carbeneto que tem orbital livre não-híbrido 2p e pode aceitar par de electrões ao orbital livre para cumprir o seu octeto é chamado carbeneto electrofílico. p. ex., :CCl2

Reage com a etlylene.

$:CCl_2 + CH_2{=}CH_2 \longrightarrow$

(insitu)

No carbene nucleófilo, o orbital ou octeto vazio é preenchido por ressonância com o(s) grupo(s) de fixação e não reage com o alkene.

Exemplos:

Examples:

$Ph_2C, MeO\text{-}C\text{-}OMe$

Nitrenes: Os nitrenes são espécies não-isoláveis, de vida curta, altamente reactivas e deficientes em electrões. São também chamados azenes, imenes ou imidogenes.

São preparados por,

They are prepared by,

a) $\alpha-$ elimination: RCONHBr $\xrightarrow{\ HO^-\ }$ RCON

b) pyrolysis: RCO-N=N=N $\longrightarrow$ RCON $+ N_2\uparrow$

c) photolysis: H-N-N ≡ N $\xrightarrow{\ h\nu\ }$ H-N $+ N_2\uparrow$

Benzynes: 1,2- desidrobenzeno é chamado benzynes. É uma espécie reactiva não-isolável.

Preparação

π - complexo:

Um complexo de transferência de carga que existe principalmente numa solução e que é formado pela associação de uma espécie electrofílica e de uma espécie doadora de electrões que utiliza o seu π-orbital electrões para associação é conhecido como um n-complexo.

Quanto maior for a polaridade da componente doadora, mais estável é o complexo π-. A força do complexo π -complexo aumenta com a diminuição do potencial de ionização do doador e o aumento da afinidade dos electrões da electrófila.

6 - complexo:

Um ião de arenio na química orgânica é um cátion ciclohexadienilo que aparece como um intermediário reactivo na substituição electrofílica aromática. É também chamado de intermediário Wheland.

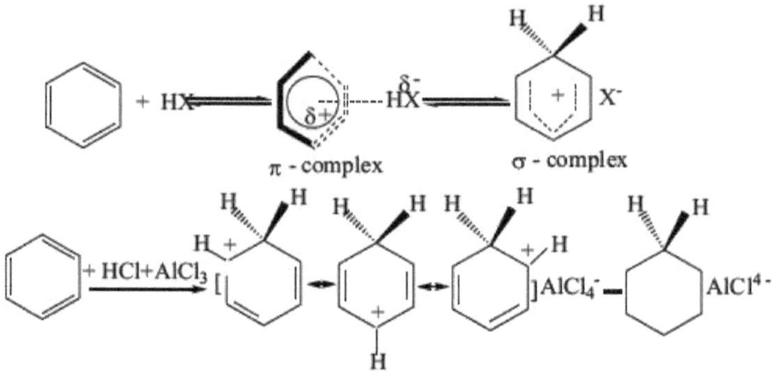

Referências

1. Mecanismo e Teoria da Química Orgânica. Thomas H. Lowry e Kathleen Schueller Richardson. Addison- Wesley, Estudante Internacional 3rd . Edição - 1998.

2. Um Guia de Mecanismos em Química Orgânica. Peter Sykes. Pearson Education, 6th Edição - 2003.

3. Química Orgânica. Vol. I. I. L. Finar. Pearson Education, 6th Edição - 2002.

4. Química Orgânica Avançada. Reacção, Mecanismo e Estruturas. Jerry March. Wiley, 4th Edição - 2006.

5. Química Orgânica. Robert Thornton Morrison, Robert Neilson Boyd e Saibal Kanti Chatterjee. Pearson Education, 7th Edição - 2010.

6. Química Orgânica. Jonathan Clayden, Nick Greeves e Stuart Warren. Oxford University Press, 2nd Edição - 2014.

7. Princípios de Síntese Orgânica. R.O.C. Norman e J.M. Coxan. Taylor e Francis, reimpressão indiana 3rd Edição - 2017.

3. Reacção de eliminação:

Esta é uma reacção orgânica em que dois substitutos são removidos de uma molécula num mecanismo de uma ou duas etapas.

Buy your books fast and straightforward online - at one of world's fastest growing online book stores! Environmentally sound due to Print-on-Demand technologies.

Buy your books online at
www.morebooks.shop

Compre os seus livros mais rápido e diretamente na internet, em uma das livrarias on-line com o maior crescimento no mundo! Produção que protege o meio ambiente através das tecnologias de impressão sob demanda.

Compre os seus livros on-line em
www.morebooks.shop